上海市工程建设规范

预拌砂浆应用技术标准

Technical standard for application of ready-mixed mortar

DG/TJ 08-502-2020
J 10012-2020

主编单位：上海市建筑科学研究院有限公司
批准部门：上海市住房和城乡建设管理委员会
施行日期：2020 年 10 月 1 日

同济大学出版社

2020 上海

图书在版编目(CIP)数据

预拌砂浆应用技术标准/上海市建筑科学研究院有
限公司主编. —上海:同济大学出版社,2020.9
　　ISBN 978-7-5608-9315-0

　　Ⅰ. ①预… Ⅱ. ①上… Ⅲ. ①水泥砂浆－技术标准
Ⅳ. ①TQ177.6－65

　　中国版本图书馆 CIP 数据核字(2020)第 107495 号

预拌砂浆应用技术标准

上海市建筑科学研究院有限公司　主编

策划编辑　张平官

责任编辑　朱　勇

责任校对　徐春莲

封面设计　陈益平

出版发行　同济大学出版社　　www.tongjipress.com.cn

　　　　　(地址:上海市四平路 1239 号　邮编:200092　电话:021－65985622)

经　　销　全国各地新华书店

印　　刷　浦江求真印务有限公司

开　　本　889mm×1194mm　1/32

印　　张　2.875

字　　数　77000

版　　次　2020 年 9 月第 1 版　　2020 年 9 月第 1 次印刷

书　　号　ISBN 978-7-5608-9315-0

定　　价　25.00 元

上海市住房和城乡建设管理委员会文件

沪建标定〔2020〕208 号

上海市住房和城乡建设管理委员会
关于批准《预拌砂浆应用技术标准》为上海市
工程建设规范的通知

各有关单位：

由上海市建筑科学研究院主编的《预拌砂浆应用技术标准》，经我委审核现批准为上海市工程建设规范，统一编号为 DG/TJ 08－502－2020，自 2020 年 10 月 1 日起实施，原《预拌砂浆应用技术规程》(DG/TJ 08－502－2012)同时废止。

本规范由上海市住房和城乡建设管理委员会负责管理，上海市建筑科学研究院负责解释。

特此通知。

上海市住房和城乡建设管理委员会
二〇二〇年四月二十六日

前　言

根据上海市住房和城乡建设管理委员会《关于印发〈2017 年上海市工程建设规范编制计划〉的通知》（沪建标定〔2016〕1076号）的要求，由上海市建筑科学研究院有限公司会同有关单位对《预拌砂浆应用技术规程》DG/TJ 08－502－2012 进行修订。

本标准的主要内容有：总则；术语和代号；材料；设计；进场检验、储存与拌合；施工；施工质量验收等。

本标准修订的主要内容包括：

1. 增加建筑废弃混凝土细骨料及其技术要求。

2. 增加轻质保温砌筑砂浆和干混机械喷涂普通抹灰砂浆及其技术要求。

3. 增加预拌砂浆机械喷涂抹灰施工相关规定。

4. 完善预拌砂浆施工及验收过程中质量控制技术要求。

各单位及相关人员在执行本标准过程中，如有意见和建议，请反馈至上海市建筑科学研究院有限公司（地址：上海市宛平南路 75 号；邮编：200032；E-mail：ginwangjuan@163.com），或上海市建筑建材业市场管理总站（地址：上海市小木桥路 683 号；邮编：200032；E-mail：bzglk@zjw.sh.gov.cn），以供今后修订参考。

主　编　单　位：上海市建筑科学研究院有限公司

参　编　单　位：上海市浦东新区建设工程安全质量监督站

上海市青浦区建筑建材业管理所

上海市嘉定区建设工程招投标事务中心

上海市金山区建筑管理所

江苏何氏干粉建材有限公司

上海泖宇新型建材有限公司

上海曹杨建筑粘合剂厂

上海四虎建材有限公司

杭州通达集团有限公司

上海住总工程材料有限公司

上海久兴水泥制品有限公司

主 要 起 草 人: 陈　宁　王君若　樊　钧　赵立群　王　娟

洪　辉　何　易　吴晓宇　李　洋　潘　平

杨海峰　王建平　余晓红　张　文　邵永华

王　雄　杨　勇　邱晓锋　黄沁园　王　敏

周士浩　杨绍红　朱贤豪　周南南　匡　桐

司家宁　董庆广　殷路伟　何福全　肖建明

黄迎春　朱向春　任　飞　邱晨华　张跃明

曹　进

主 要 审 查 人: 王培铭　王宝海　张健民　沈孝庭　周海波

徐亚玲　朱敏涛

上海市建筑建材业市场管理总站

2019 年 6 月

目　次

Contents

1 总 则

1.0.1 为进一步贯彻绿色施工要求,规范预拌砂浆在建设工程中的应用,保证预拌砂浆施工质量,特制定本标准。

1.0.2 本标准适用于预拌砂浆在建设工程的砌筑、抹灰及地面与屋面工程的应用与质量验收。

1.0.3 预拌砂浆的应用与质量验收,除应执行本标准的要求外,尚应符合国家、行业和本市现行有关标准的规定。

2 术语和代号

2.1 术 语

2.1.1 预拌砂浆 ready-mixed mortar

由专业工厂制备的砂浆,按产品形式分为干混砂浆和湿拌砂浆。

2.1.2 干混砂浆 dry-mixed mortar

由水泥、细骨料或掺入部分再生骨料、保水增稠材料、添加剂、矿物掺合料等组分,在专业工厂经计量、混合后生产的干状混合物,也称为干粉砂浆。

1 干混普通砂浆 dry-mixed ordinary mortar

1）干混普通砌筑砂浆 dry-mixed ordinary masonry mortar
用于普通砌筑工程灰缝厚度 8mm～12mm 的干混砂浆。

2）干混普通抹灰砂浆 dry-mixed ordinary plastering mortar
用于抹灰工程的砂浆层厚度大于 6mm 的干混砂浆。

3）干混普通地面砂浆 dry-mixed ordinary screeding mortar
用于建筑楼地面、室外散水、明沟、踏步、台阶和坡道及屋面工程的干混砂浆。

4）干混普通防水砂浆 dry-mixed ordinary waterproof mortar
用于一般防水工程中抗渗防水部位砂浆层厚度大于 6mm 的干混砂浆。

5）干混普通抗裂抹灰砂浆 dry-mixed ordinary anti-crack
　　plastering mortar
用于抹灰工程中砂浆层厚度大于 6mm 有抗裂性能的干混砂浆。

6）干混机械喷涂普通抹灰砂浆 dry-mixed spraying ordinary plastering mortar

采用压力喷射工艺、抹灰砂浆层厚度大于 6mm 的干混砂浆。

2 干混特种砂浆 dry-mixed special mortar

1）干混薄层砌筑砂浆 dry-mixed thin-layer masonry mortar

用于加气混凝土砌块薄层砌筑工程灰缝厚度不大于 5mm 的干混砂浆。

2）干混薄层抹灰砂浆 dry-mixed thin-layer plastering mortar

用于抹灰工程的砂浆层厚度不大于 5mm 的干混砂浆。

3）干混界面砂浆 interface treatment mortar

用于改善普通抹灰砂浆与混凝土和加气混凝土砌块（板）墙体表面粘结性能且砂浆层厚度在 2mm～3mm 的干混砂浆。

4）轻质保温砌筑砂浆 light-weight thermal-insulation masonry motar

用于改善墙体砌筑灰缝热工性能的干密度不大于 1000kg/m³，导热系数不大于 0.30W/(m·K)且灰缝厚度在 8mm～12mm 的干混砌筑砂浆。

2.1.3 湿拌砂浆 wet-mixed mortar

由水泥、细骨料、保水增稠材料、矿物掺合料、添加剂和水等组分按一定比例,在专业工厂经计量、拌制后,用搅拌运输车运至使用地点,放入密封容器储存,并在规定时间内使用完毕的砂浆拌合物。

1 湿拌砌筑砂浆 wet-mixed masonry mortar

用于普通砌筑工程灰缝厚度 8mm～12mm 的湿拌砂浆。

2 湿拌抹灰砂浆 wet-mixed plastering mortar

用于抹灰工程的砂浆层厚度大于 6mm 的湿拌砂浆。

3 湿拌地面砂浆 wet-mixed screeding mortar

用于建筑楼地面、室外散水、明沟、踏步、台阶和坡道及屋面工程的湿拌砂浆。

4 湿拌防水砂浆 wet-mixed waterproof mortar

用于一般防水工程中抗渗防水部位的湿拌砂浆。

2.1.4 再生细骨料 recycled fine aggregate

由建(构)筑物中的废弃混凝土加工而成,粒径不大于 4.75mm 的颗粒。

2.1.5 再生细骨料取代率 replacement ratio of recycled fine aggregate

砂浆中再生细骨料用量占细骨料总量的质量百分比。

2.1.6 轻细骨料 lightweight fine aggregate

堆积密度不大于 1200kg/m³、粒径不大于 4.75mm 的颗粒。

2.1.7 保水增稠材料 water-retentive and plastic material

用于预拌砂浆中改善砂浆可操作性及保水能力的非石灰型粉状材料。

2.1.8 添加剂 additive

改善砂浆防水、抗冻、早强、防裂、粘结、凝结和抗渗等性能的固体或液体物质。

2.1.9 矿物掺合料 mineral addition

为提高砂浆和易性及硬化后性能而加入的无机固态材料。

2.1.10 机械喷涂抹灰 plastering by motar spraying

采用泵送方法将砂浆拌合物沿管道输送至喷枪出口端,再利用压缩空气将砂浆喷涂至作业面上的抹灰工艺。

2.1.11 压力泌水率 pressure bleeding rate

砂浆拌合物在施加 3.2MPa 的恒定压力后 10s 泌出的水与 140s 泌出水的质量的比值。

2.2 代 号

2.2.1 干混砂浆代号应符合表 2.2.1 的规定。

表 2.2.1　干混砂浆代号

品种	干混普通砂浆						干混特种砂浆			
	干混普通砌筑砂浆	干混普通抹灰砂浆	干混普通地面砂浆	干混普通防水砂浆	干混普通抗裂抹灰砂浆	干混机械喷涂普通抹灰砂浆	干混界面砂浆	干混薄层砌筑砂浆	干混薄层抹灰砂浆	干混轻质保温砌筑砂浆
代号	DM	DP	DS	DW	DAC	DSP	DIT	DMa	DTP	DLM

2.2.2　湿拌砂浆代号应符合表 2.2.2 的规定。

表 2.2.2　湿拌砂浆代号

品种	湿拌砌筑砂浆	湿拌抹灰砂浆	湿拌地面砂浆	湿拌防水砂浆
代号	WM	WP	WS	WW

3 材 料

3.1 原材料要求

3.1.1 预拌砂浆所用原材料不应对人体及环境造成有害的影响,并应符合国家安全和环保有关标准的规定。

3.1.2 原材料进厂时应具有质量证明文件。对进厂原材料应按国家现行标准的规定按批进行复验,复验合格后方可使用。

3.1.3 宜选用硅酸盐水泥和普通硅酸盐水泥,应符合《通用硅酸盐水泥》GB 175 的规定。

3.1.4 细骨料应符合下列规定:

1 细骨料应符合《建设用砂》GB/T 14684 的规定,宜选用中砂,并应筛除 4.75mm 以上颗粒。细骨料的最大粒径、颗粒级配等应满足相应品种砂浆的要求。氯离子含量不应大于 0.02%。

2 再生细骨料可用于配制干混普通砌筑砂浆、湿拌砌筑砂浆、干混普通抹灰砂浆、湿拌抹灰砂浆、干混普通地面砂浆和湿拌地面砂浆。再生细骨料性能应符合表 3.1.4 的规定,颗粒级配应符合《混凝土和砂浆用再生细骨料》GB/T 25176 的规定。

3 再生细骨料取代率不宜大于 40%。

4 轻质保温砌筑砂浆采用的轻细骨料应符合《轻集料及其试验方法》GB/T 17431.1 的规定。

5 机械喷涂抹灰砂浆最大颗粒粒径可根据喷涂设备类型选定为 3.0 mm、4.0 mm 和 4.75 mm。

6 烘干后细骨料含水率应小于 0.5%。抹灰砂浆用细骨料的细度模数不应小于 2.3,抹灰砂浆用机制砂的石粉含量不宜大于 5.0%。

7 细骨料的放射性核素限量应符合《建筑材料放射性核素

限量》GB 6566 的有关规定。

表 3.1.4　再生细骨料性能指标

项目		技术指标	试验方法
微粉含量（按质量计）（%）	$MB < 1.40$ 或合格	< 10.0	
	$MB \geqslant 1.40$ 或不合格	< 5.0	
泥块含量（按质量计）（%）		< 2.0	
再生胶砂需水量比		< 1.75	
再生胶砂强度比		> 0.70	GB/T 25176
单级最大压碎指标值（%）		< 25	
表观密度（kg/m³）		$> 2\,200$	
堆积密度（kg/m³）		$> 1\,100$	
空隙率（%）		< 50	
氯化物含量（以氯离子质量计）（%）		$\leqslant 0.02$	

3.1.5　保水增稠材料用于砌筑砂浆时,应符合《砌筑砂浆增塑剂》JG/T 164 的规定。

3.1.6　矿物掺合料应符合下列规定:

　　1　粉煤灰应符合《用于水泥和混凝土中的粉煤灰》GB/T 1596 中 Ⅰ 级灰或 Ⅱ 级灰的规定。

　　2　粒化高炉矿渣粉、天然沸石粉应分别符合《用于水泥、砂浆和混凝土中的粒化高炉矿渣粉》GB/T 18046、《民用建筑修缮工程施工标准》JGJ/T 112 的规定。其他矿物掺合料应符合有关标准的规定。

3.1.7　添加剂进厂时应符合有关标准的规定或提供质量证明文件,应通过检验和试配并满足要求后,方可使用。

3.1.8　用于湿拌砂浆的缓凝剂应使砂浆在密闭容器内可保持 24h 不凝结;超过上述时间或者砂浆水分被吸附蒸发后,砂浆仍能正常凝结硬化。湿拌砂浆缓凝剂品质指标见表 3.1.8。

表 3.1.8　砂浆缓凝剂品质指标

项目	氯离子含量(%)	砂浆凝结时间(h)
质量要求	≤0.40	≥24

3.1.9 符合国家标准的饮用水,可直接用于拌制砂浆;当采用其他水源时,必须按《混凝土用水标准》JGJ 63 的规定进行检验,合格后方可用于拌制砂浆。

3.2　分类和性能要求

3.2.1 预拌砂浆分类应符合下列规定:

　　1 干混砂浆按特性分为干混普通砂浆和干混特种砂浆。干混普通砂浆按用途分为干混普通砌筑砂浆、干混普通抹灰砂浆、干混普通地面砂浆、干混普通防水砂浆、干混普通抗裂抹灰砂浆和干混机械喷涂普通抹灰砂浆。干混特种砂浆本标准仅涉及干混薄层砌筑砂浆、干混薄层抹灰砂浆、干混界面砂浆和轻质保温砌筑砂浆。干混砂浆按强度等级和抗渗等级的分类应符合表 3.2.1-1 的规定。

表 3.2.1-1　干混砂浆分类

品种	干混普通砂浆						干混特种砂浆		
	干混普通砌筑砂浆	干混普通抹灰砂浆	干混普通地面砂浆	干混普通防水砂浆	干混普通抗裂抹灰砂浆	干混机械喷涂普通抹灰砂浆	干混薄层砌筑砂浆	干混薄层抹灰砂浆	干混轻质保温砌筑砂浆
强度等级	M5,M7.5,M10,M15,M20,M25,M30	M5,M10,M15,M20	M20,M25	M15,M20	M10,M15	M5,M10,M15,M20	M5,M10	M5,M10	M5,M7.5
抗渗等级	—	—	—	P6,P8,P10	—	—	—	—	—

2 湿拌砂浆按用途分为湿拌砌筑砂浆、湿拌抹灰砂浆、湿拌地面砂浆和湿拌防水砂浆。湿拌砂浆按强度等级、抗渗等级、稠度和凝结时间的分类应符合表 3.2.1-2 的规定。

表 3.2.1-2 湿拌砂浆分类

项目	湿拌砌筑砂浆	湿拌抹灰砂浆	湿拌地面砂浆	湿拌防水砂浆
强度等级	M5,M7.5,M10,M15,M20,M25,M30	M5,M10,M15,M20	M20,M25	M15,M20
稠度 (mm)	50,70,90	70,90,110	50	50,70,90
凝结时间 (h)	≥8,≥12,≥24	≥8,≥12,≥24	≥4,≥8	≥8,≥12,≥24
抗渗等级	—	—	—	P6,P8,P10

注:稠度可根据现场气候条件和施工要求确定。

3.2.2 干混砂浆性能应符合下列规定:

1 干混普通砌筑砂浆、干混普通抹灰砂浆、干混普通地面砂浆、干混普通防水砂浆和干混薄层抹灰砂浆性能应符合《预拌砂浆》GB/T 25181 的规定。

2 干混薄层砌筑砂浆性能应符合《蒸压加气混凝土墙体专用砂浆》JC/T 890 的规定。

3 干混界面砂浆性能应符合《混凝土界面处理剂》JC/T 907 的规定。

4 轻质保温砌筑砂浆、干混普通抗裂抹灰砂浆、干混机械喷涂普通抹灰砂浆性能应符合表 3.2.2-1～表 3.2.2-3 的规定。

表 3.2.2-1　轻质保温砌筑砂浆性能

强度等级	28d抗压强度（MPa）	保水率（%）	凝结时间（h）	2h稠度损失率（%）	导热系数［W/(m·K)］	干密度（kg/m³）	抗冻性	
							强度损失率(%)	质量损失率(%)
M5,M7.5	M5:≥5.0 M7.5:≥7.5	≥92.0	4～12	≤30	≤0.30	≤1000	≤25	≤5

表 3.2.2-2　干混普通抗裂抹灰砂浆性能

强度等级	28d抗压强度（MPa）	保水率（%）	凝结时间（h）	2h稠度损失率（%）	14d拉伸粘结强度（MPa）	28d收缩率（%）	开裂指数（mm）	抗冻性	
								强度损失率（%）	质量损失率（%）
M5,M10,M15	M5:≥5.0 M10:≥10.0 M15:≥15.0	≥88.0	3～9	≤30	M5:≥0.15 M10:≥0.20 M15:≥0.20	≤0.15	0	≤25	≤5

表 3.2.2-3　干混机械喷涂普通抹灰砂浆性能

强度等级	28d抗压强度（MPa）	保水率（%）	2h稠度损失率（%）	14d拉伸粘结强度（MPa）	压力泌水率（%）	抗冻性	
						强度损失率(%)	质量损失率(%)
M5,M10,M15,M20	M5:≥5.0 M10:≥10.0 M15:≥15.0 M20:≥20.0	≥90.0	≤30	≥0.20	<35	≤25	≤5

5　干混普通砂浆和干混特种砂浆的进场复验性能应符合表3.2.2-4 和表 3.2.2-5 的规定。

表 3.2.2-4 干混普通砂浆进场复验性能

项目	干混普通砌筑砂浆	干混普通抹灰砂浆	干混普通抗裂抹灰砂浆	干混机械喷涂普通抹灰砂浆	干混普通地面砂浆	干混普通防水砂浆
保水率（%）	≥88.0	≥88.0	≥88.0	≥90.0	≥88.0	≥88.0
28d抗压强度（MPa）	M5:≥5.0 M7.5:≥7.5 M10:≥10.0 M15:≥15.0 M20:≥20.0 M25:≥25.0 M30:≥30.0	M5:≥5.0 M10:≥10.0 M15:≥15.0 M20:≥20.0	M5:≥5.0 M10:≥10.0 M15:≥15.0	M5:≥5.0 M10:≥10.0 M15:≥15.0 M20:≥20.0	M20:≥20.0 M25:≥25.0	M15:≥15.0 M20:≥20.0
压力泌水率（%）	—	—	—	＜35	—	—
抗渗压力（MPa）	—	—	—	—	—	P6:≥0.6 P8:≥0.8 P10:≥1.0
14d拉伸粘结强度（MPa）	—	M5:≥0.15 M10:≥0.20 M15:≥0.20 M20:≥0.20	M5:≥0.15 M10:≥0.20 M15:≥0.20	≥0.20	—	≥0.20
开裂指数（mm）	—	—	0	—	—	—

表 3.2.2-5 干混特种砂浆进场复验性能

项目	干混薄层砌筑砂浆	轻质保温砌筑砂浆	干混薄层抹灰砂浆	干混界面砂浆	
				Ⅰ型	Ⅱ型
保水率(%)	≥99.0	≥92.0	≥99.0	—	
28d 抗压强度（MPa）	M5：≥5.0 M10：≥10.0	M5：≥5.0 M7.5：≥7.5	M5：≥5.0 M10：≥10.0		
干密度(kg/m³)	—	≤1000	—		
导热系数 [W/(m·K)]	—	≤0.30	—		
14d 拉伸粘结强度(MPa)	—	—	≥0.30	≥0.6	≥0.5

注：Ⅰ型界面砂浆适用于水泥混凝土的界面处理，Ⅱ型界面砂浆适用于加气混凝土或以粉煤灰、石灰、页岩、陶粒等为主要原材料制成的砌块或砖等材料的界面处理。

3.2.3 湿拌砂浆性能应符合下列规定：

1 湿拌砌筑砂浆、湿拌抹灰砂浆、湿拌地面砂浆和湿拌防水砂浆性能应符合《预拌砂浆》GB/T 25181 的规定。

2 湿拌砌筑砂浆、湿拌抹灰砂浆、湿拌地面砂浆和湿拌防水砂浆的进场复验,其性能应符合表 3.2.3-1 的规定。

表 3.2.3-1 湿拌砂浆进场复验性能

项目	湿拌砌筑砂浆	湿拌抹灰砂浆	湿拌地面砂浆	湿拌防水砂浆
保水率(%)	≥88.0	≥88.0	≥88.0	≥88.0
28d 抗压强度（MPa）	M5：≥5.0 M7.5：≥7.5 M10：≥10.0 M15：≥15.0 M20：≥20.0 M25：≥25.0 M30：≥30.0	M5：≥5.0 M10：≥10.0 M15：≥15.0 M20：≥20.0	M20：≥20.0 M25：≥25.0	M15：≥15.0 M20：≥20.0

续表 3.2.3-1

项目	湿拌砌筑砂浆	湿拌抹灰砂浆	湿拌地面砂浆	湿拌防水砂浆
抗渗压力（MPa）	—	—	—	P6：≥0.6 P8：≥0.8 P10：≥1.0
14d 拉伸粘结 强度（MPa）	—	M5：≥0.15 M10：≥0.20 M15：≥0.20 M20：≥0.20	—	≥0.20

3 湿拌砂浆稠度实测值与合同规定的稠度值之差应符合表 3.2.3-2 的规定。

表 3.2.3-2 湿拌砂浆稠度允许偏差

规定稠度（mm）	允许偏差（mm）
50,70,90	±10
100	−10～+5

3.2.4 当需求方对砂浆其他性能有设计要求时，应按有关标准规定进行试验，其结果应符合设计规定。

3.3 试验方法

3.3.1 预拌砂浆试验时稠度应符合下列规定：

1 干混砂浆试验时稠度应符合表 3.3.1 的规定。

2 湿拌砂浆按实际稠度或专业工厂给定的配合比进行试验。

表 3.3.1　干混砂浆试验时稠度

干混砂浆种类	稠度(mm)
普通和轻质保温砌筑砂浆	70～80
薄层砌筑砂浆	70～80
普通抹灰砂浆和普通抗裂砂浆	90～100
薄层抹灰砂浆	70～80
机械喷涂普通抹灰砂浆	90～100
地面砂浆	45～55
普通防水砂浆	70～80

3.3.2 抗压强度试验应按《建筑砂浆基本性能试验方法标准》JGJ/T 70 的有关规定进行。

3.3.3 抗渗压力试验应按《建筑砂浆基本性能试验方法标准》JGJ/T 70 的有关规定进行,龄期应为 28d。

3.3.4 稠度试验应按《建筑砂浆基本性能试验方法标准》JGJ/T 70 的有关规定进行。

3.3.5 砌筑砂浆的砌体抗压强度、抗剪强度试验应按《砌体基本力学性能试验方法标准》GB/T 50129 的有关规定进行。

3.3.6 表观密度试验应按《建筑砂浆基本性能试验方法标准》JGJ/T 70 的有关规定进行。

3.3.7 保水率试验应按《建筑砂浆基本性能试验方法标准》JGJ/T 70 的有关规定进行。

3.3.8 稠度损失率试验应按《预拌砂浆》GB/T 25181－2010 附录 A 的有关规定进行。

3.3.9 除产品标准规定外,拉伸粘结强度试验应按《建筑砂浆基本性能试验方法标准》JGJ/T 70 的有关规定进行。

3.3.10 收缩试验应按《建筑砂浆基本性能试验方法标准》JGJ/T 70 的有关规定进行。

3.3.11 抗冻性试验应按《建筑砂浆基本性能试验方法标准》

JGJ/T 70 的有关规定进行。冻融循环次数为 25 次。

3.3.12 开裂指数试验应按本标准附录 A 的规定进行。

3.3.13 界面砂浆的性能试验应按《混凝土界面处理剂》JC/T 907 的有关规定进行。

3.3.14 除产品标准规定外,凝结时间试验应按《建筑砂浆基本性能试验方法标准》JGJ/T 70 的有关规定进行,其中试验结果精确到 0.1h。

3.3.15 压力泌水率试验应按本标准附录 B 的规定进行。

3.3.16 导热系数应按《绝热材料稳态热阻及有关特性的测定 防护热板法》GB/T 10294 的有关规定进行。

3.3.17 干密度应按《建筑保温砂浆》GB/T 20473 的有关规定进行。

3.3.18 干混薄层砌筑砂浆的性能试验应按《蒸压加气混凝土墙体专用砂浆》JC/T 890 的有关规定进行。

3.4 包装、运输和储存

3.4.1 包装应符合下列规定:

  1 干混砂浆分为袋装与散装。袋装干混砂浆包装袋应符合《水泥包装袋》GB 9774 的有关规定。

  2 袋装干混砂浆每袋净含量不得小于其标志质量的 99%。随机抽取 20 袋,其净含量之和不得小于标志质量的总和。

  3 干混砂浆的包装袋上应标明产品名称、等级、生产单位、联系方式、净含量、加水量范围、保质期、生产日期(年、月、日)和编号等。

  4 散装干混砂浆应具有与袋装干混砂浆标记内容相同的卡片,并附有产品使用说明书。

3.4.2 预拌砂浆运输应符合下列规定：

  1 干混砂浆

    1）干混砂浆运输时，应有防扬尘措施，不应污染环境。

    2）散装干混砂浆宜采用散装干混砂浆运输车运送至施工现场。散装干混砂浆运输车应密封、防水、防潮，并宜有除尘装置。砂浆品种更换时，运输车应清空并清理干净。

    3）袋装干混砂浆运输过程中不得混入杂物，并应用防雨、防潮和防尘措施。砂浆搬运时不应摔包，不应自行倾卸。

  2 湿拌砂浆

    1）湿拌砂浆应采用符合《混凝土搅拌运输车》GB/T 26408要求的搅拌运输车运送。装料前，装料口应保持清洁，筒体内不得有积水、积浆及杂物。

    2）在装料及运输过程中，应保持搅拌运输车筒体按规定速度旋转，使砂浆运至储存地点后，不离析、不分层，组分不发生变化，湿拌砂浆稠度应满足施工规定。

    3）运输设备应不吸水、不漏浆，并保证卸料及输送畅通，严禁在运输和卸料过程中加水。

    4）湿拌砂浆用搅拌运输车运输的延续时间应符合表3.4.2的规定。

表 3.4.2　湿拌砂浆运输延续时间

气温（℃）	运输延续时间（min）
5～35	≤150
其他	≤120

3.4.3 现场储存应符合下列规定：

  1 干混砂浆在储存过程中不得受潮和混入杂物。不同品种和规格型号的干混砂浆应分别储存在架空板上，标识应明确。

2 散装干混砂浆应储存在散装移动筒仓中,筒仓应密闭,且防雨、防潮。当更换砂浆品种时,筒仓应清空并清理干净。散装干混砂浆保质期应为 3 个月。

3 袋装干混砂浆应架空储存在干燥环境中,应有防雨、防潮、防扬尘措施。储存过程中,包装袋不应破损。

4 袋装普通干混砂浆的保质期应为 3 个月。袋装特种干混砂浆的保质期应为 6 个月。

4 设 计

4.1 一般规定

4.1.1 当墙体有抗冻性设计要求时,砂浆应进行冻融试验,其抗冻性能应与墙体块材相同。

4.1.2 地面砂浆面层施工宜在室内墙面装饰工程完工后进行。

4.1.3 普通防水砂浆施工应待基层验收合格后进行,防水层厚度宜为 18mm～20mm。

4.2 砌筑砂浆

4.2.1 用于承重结构的普通混凝土小型砌块的砌筑砂浆强度等级不应低于 M7.5。

4.2.2 室内地坪以下及潮湿环境,砌筑砂浆强度等级不应低于 M10。

4.2.3 普通砌筑砂浆的灰缝厚度宜为 8mm～12mm;蒸压加气混凝土砌块宜采用薄层砌筑砂浆,薄层砌筑砂浆的灰缝厚度宜为 3mm～5mm。

4.2.4 轻集料混凝土小型空心砌块、蒸压加气混凝土砌块和烧结保温砌块(砖)等砌体砌筑时,宜采用轻质保温砌筑砂浆。

4.3 抹灰砂浆

4.3.1 混凝土墙面和加气混凝土砌块墙面抹灰应由材料供应单位提供干混界面砂浆和预拌普通抹灰砂浆,应采用干混界面砂浆对墙面基层进行全覆盖处理。

4.3.2 外墙宜采用干混普通抗裂抹灰砂浆,砂浆强度等级不应低于 M10。

4.3.3 蒸压加气混凝土砌块墙体宜采用干混薄层抹灰砂浆或干混普通抗裂抹灰砂浆。

4.3.4 地下室及潮湿环境宜采用干混普通防水砂浆或湿拌防水砂浆。用于基础墙防潮层的抹灰砂浆,应满足设计的抗渗要求。

4.3.5 对于表面粘贴饰面砖的抹灰基层,微小孔洞应填补,窗台、阳台抹面砂浆,砂浆强度等级不应小于 M15。

4.3.6 强度高的抹灰砂浆不应涂抹在强度低的基层抹灰砂浆上。

4.3.7 抹灰层的平均厚度宜符合以下规定:

1 内墙:普通抹灰不宜大于 20mm;高级抹灰不宜大于 25mm。

2 外墙:墙面不宜大于 20mm;勒脚不宜大于 25mm。

3 顶棚:现浇混凝土不宜大于 5mm。

4 蒸压加气混凝土砌块基层抹灰厚度宜控制在 15mm 以内,采用干混薄层抹灰砂浆,抹灰厚度宜控制在 5mm 以内。

4.3.8 外墙大面积抹灰时,应设置水平和垂直分格缝。水平分格缝的间距不宜大于 6m,垂直分格缝的间距不宜大于 12m。

4.3.9 当抹灰层厚度大于 35mm 时,应采取钢丝网加强措施,钢丝网应与基体连接牢固。不同材料的基体交接处应设加强网,加强网与各基体的搭接宽度不应小于 100mm。

4.3.10 普通抹灰砂浆的稠度宜按表 4.3.10 选取。薄层抹灰砂浆的稠度宜为 70mm～80mm,机械喷涂普通抹灰砂浆的稠度宜为 80mm～90mm。

表 4.3.10　普通抹灰砂浆稠度

抹灰层部位	稠度(mm)
底层	90～110
中层	70～90
面层	70～80

4.4　地面砂浆

4.4.1　地面砂浆强度等级不应低于 M20。

4.4.2　地面砂浆找平层厚度不宜大于 30mm。

4.4.3　面层砂浆的厚度不应小于 20mm。

5 进场检验、储存与拌合

5.1 进场检验

5.1.1 预拌砂浆进场时,供应单位应按规定批次提供有效的质量证明文件。质量证明文件应包括产品型式检验报告、出厂检验报告和质量保证书等。

5.1.2 预拌砂浆进场时应进行外观检验,且应符合下列规定:

1 散装干混砂浆应外观均匀,无结块、受潮现象。

2 袋装干混砂浆应包装完整,无受潮现象。

3 湿拌砂浆应外观均匀,无离析、泌水现象。

5.1.3 湿拌砂浆应进行稠度检验,且稠度允许偏差应符合表 3.2.3-2 的规定。

5.1.4 预拌砂浆外观、稠度检验合格后,应按表 5.1.4 的规定进行复验。

复验项目全部符合本标准第 3.2 节的相关要求时,该批产品可作为合格产品验收;当有 1 项不符合要求时,则该批产品应判定为不合格。只有复验结果合格的,方可使用。

表 5.1.4 预拌砂浆复验项目及批量

砂浆品种		检验项目	检验批量
干混普通砌筑砂浆		保水率、抗压强度	同一生产厂家、同一品种、同一等级、同一批号且连续进场的干混砂浆,每 500t 为一批;不足 500t 时,应按一个检验批计
普通抹灰砂浆	普通抗裂抹灰砂浆	保水率、抗压强度、拉伸粘结强度	
	机械喷涂普通抹灰砂浆	保水率、抗压强度、拉伸粘结强度、压力泌水率	
干混普通地面砂浆		保水率、抗压强度	
干混普通防水砂浆		保水率、抗压强度、抗渗压力、拉伸粘结强度	
干混薄层砌筑砂浆		保水率、抗压强度	同一生产厂家、同一品种、同一批号且连续进场的砂浆,每 200t 为一批;不足 200t 时,应按一个检验批计
干混薄层抹灰砂浆		保水率、抗压强度、拉伸粘结强度	
干混界面砂浆		拉伸粘结强度	同一生产厂家、同一品种、同一批号且连续进场的砂浆,每 50t 为一批;不足 50t 时,应按一个检验批计
轻质保温砌筑砂浆		保水率、抗压强度、干密度、导热系数	同一生产厂家、同一品种、同一等级、同一批号且连续进场的干混砂浆,每 125t 为一批;不足 125t 时,应按一个检验批计
湿拌砌筑砂浆		保水率、抗压强度	同一生产厂家、同一品种、同一等级、同一批号且连续进场的湿拌砂浆,每 250m³ 为一批;不足 250m³ 时,应按一个检验批计
湿拌抹灰砂浆		保水率、抗压强度、拉伸粘结强度	
湿拌地面砂浆		保水率、抗压强度	
湿拌防水砂浆		保水率、抗压强度、抗渗压力、拉伸粘结强度	

5.1.5 砂浆取样时,湿拌砂浆宜从运输车出料口或储存容器随机取样,散装干混砂浆试样应在卸料过程中卸料量 1/4～3/4 之间采取。试样量应满足砂浆检验项目所需用量的 1.5 倍,且不宜少于 0.01m³。

5.1.6 抗压强度试块的制作、养护、试压等应符合《建筑砂浆基本性能试验方法标准》JGJ/T 70 的规定,龄期应为 28d。

5.2 干混砂浆储存

5.2.1 不同品种和强度等级的散装干混砂浆应分别储存在散装移动筒仓中,不得混存混用,并应对筒仓进行标识。筒仓数量应满足砂浆品种及施工要求。更换砂浆品种时,筒仓应清空。

5.2.2 筒仓应符合《干混砂浆散装移动筒仓》SB/T 10461 的规定,并应在现场安装牢固。

5.2.3 袋装干混砂浆应储存在干燥、通风、防潮、防雨的场所,并应按品种、批号分别堆放在架空板上,不得混堆混用,且应先存先用。

5.2.4 散装干混砂浆在储存及使用过程中,当对砂浆质量的均匀性有疑问或争议时,应按《预拌砂浆应用技术规程》JGJ/T 223 中附录 B 的规定检验其均匀性。

5.3 湿拌砂浆储存

5.3.1 施工现场宜配备湿拌砂浆储存容器。储存容器应密闭、不吸水,其数量、容量应满足砂浆品种、供货量的要求。储存容器使用时,内部应无杂物、无明水。储存容器应便于储运、清洗和砂浆存取。砂浆存取时,应有防雨措施。储存容器宜采取遮阳、保温等措施。

5.3.2 不同品种和强度等级的湿拌砂浆应分别存放在不同的储

存容器中,并应对储存容器进行标识,标识内容应包括砂浆的品种、强度等级和使用时限等。砂浆应先存先用。

5.3.3 湿拌砂浆储存地点的环境温度宜为5℃～35℃。

5.3.4 湿拌砂浆在储存及使用过程中不得加水。存放过程中如出现少量泌水现象,使用前应人工拌匀;如泌水严重,应重新取样,进行检验。

5.4 干混砂浆拌合

5.4.1 干混砂浆应按产品说明书的规定加水,不得添加其他成分。稠度应满足现行施工规范的有关规定。

5.4.2 凡符合国家标准的饮用水,可直接用于拌制砂浆;当采用其他水源时,应按《混凝土用水标准》JGJ 63的规定进行检验,合格后方可用于拌制砂浆。

5.4.3 干混砂浆应机械搅拌,保证搅拌均匀,搅拌时间不应少于3min,随拌随用。散装干混砂浆搅拌时,应确保物料的均匀稳定,停止搅拌后应及时拆卸、清洗搅拌叶片。

5.4.4 砂浆拌合物应在4h内用完;气温超过30℃时,砂浆拌合物应在2h内用完。气温在5℃以下时,正常施工条件下,不应拌制和使用。蒸压加气混凝土砌块薄层砌筑砂浆和薄层抹灰砂浆的使用时间应按照厂方提供的说明书确定。

6 施 工

6.1 一般规定

6.1.1 预拌砂浆品种选用应根据设计、施工等要求进行确定。

6.1.2 不同品种、强度等级、批次的预拌砂浆不得混合使用。

6.1.3 施工单位应编制施工方案,并在施工前进行技术交底。

6.1.4 预拌砂浆施工时温度宜在 5℃～35℃。

6.2 砌筑砂浆施工

6.2.1 普通砌筑砂浆稠度宜按表 6.2.1 选取,薄层砌筑砂浆的施工稠度宜为 60mm～70mm,轻质保温砌筑砂浆施工稠度宜为 50mm～70mm。

表 6.2.1 普通砌筑砂浆稠度

砌体种类	砂浆稠度(mm)
烧结多孔砖(砌块)、烧结空心砖(砌块)、烧结保温砖(砌块)、烧结普通砖砌体	70～90
非承重混凝土空心砖、混凝土多孔砖、混凝土实心砖、蒸压灰砂砖砌体	70～80
轻集料混凝土小型空心砌块砌体、蒸压加气混凝土砌块砌体	60～80
普通混凝土小型砌块砌体	50～70
石砌体	30～50

6.2.2 采用预拌砂浆砌筑时,应符合下列规定:

1 施工前,应绘制块材排块图,并按排块图砌筑。

2 非承重混凝土空心砖、承重混凝土多孔砖和普通混凝土小型空心砌块的半盲孔面,应作为铺浆面。

3 非烧结块材砌筑时龄期不宜少于 28d。

4 烧结块材砌筑前应预先浇水湿润。非烧结块材砌筑前不宜浇水湿润;当施工环境十分干燥时,其表面可适当洒水。

6.2.3 预拌砂浆采用铺浆法砌筑时应随铺随砌。一次铺浆长度不应超过 750mm;施工期间气温超过 30℃时,一次铺浆长度不得超过 500mm。

6.2.4 蒸压加气混凝土砌块可采用薄层或轻质保温砌筑砂浆砌筑。当采用薄层砌筑砂浆时,应先用水湿润基面,再铺设 M7.5 等级普通预拌砌筑砂浆,并将砌块上部大面水平灰缝和顶面垂直灰缝满涂薄层砌筑砂浆后,方可砌筑。第二皮砌块砌筑应待第一皮砌块底部灰缝砂浆凝固后进行。

6.2.5 蒸压加气混凝土砌块填充外墙与结构柱、短肢剪力墙相接处,不得采用砂浆砌筑,应预留 10mm～15mm 宽缝隙,并每隔 500mm～600mm 高度设置专用拉接件或 2ϕ6 拉结钢筋。缝隙内应嵌塞聚乙烯(PE)棒后充填聚氨酯发泡填缝剂(PU 发泡剂)或其他柔性嵌缝材料。室外一侧缝隙口应在 PU 发泡剂外再用外墙弹性腻子封闭。

6.2.6 砌筑砂浆可用原浆对墙面勾缝,但必须随砌随勾。

6.2.7 采用湿拌砂浆时,正常施工条件下,块体日砌筑高度不宜超过一步脚手架高度或 1.5m。

6.2.8 砌筑砂浆施工的其他要求,应按《砌体结构工程施工质量验收规范》GB 50203 的有关规定执行。

6.3 抹灰砂浆施工

6.3.1 施工前,施工单位宜和生产企业、监理单位共同模拟现场条件制作抹灰样板,在规定龄期进行实体拉伸粘结强度检验,合格后封存留样。

6.3.2 抹灰施工应在主体结构验收合格后进行。非烧结块材墙体抹灰宜在墙体砌筑完成 60d 后进行,最短不应少于 45d。

6.3.3 墙体抹灰前,窗框周边缝隙和墙面其他孔洞的封堵应符合下列规定:

1 框架填充墙顶预留的间隙宜在墙体砌筑 15d 后封堵。

2 填堵缝隙和孔洞应在抹灰前进行。

3 门窗框周边缝隙做法应按有关标准或设计图纸进行。

4 堵缝隙和孔洞前应将杂物、灰尘等清理干净,浇水湿润,并用 C20 以上混凝土堵严。

6.3.4 抹灰前基层宜进行处理,并应符合下列规定:

1 对于烧结砖砌体基层,应清除表面杂物、残留灰浆、舌头灰、尘土等。在抹灰前一天浇水润湿,水宜渗入墙面内 10mm～20mm。抹灰时,墙面不得有明水。

2 对于轻集料混凝土基层,其清理可按照烧结砖砌体基层的规定进行。在抹灰前可适当浇水润湿墙面。

3 对于混凝土基层和蒸压加气混凝土砌块墙体基层,应先将基层表面的尘土、污垢、油渍等清除干净,再在基层上涂抹界面砂浆。界面砂浆应先加水搅拌均匀,无生粉团后再进行满批刮,并应覆盖全部基层墙面,厚度不宜大于 2mm。在界面砂浆表面稍收浆后再进行抹灰。

4 对于普通混凝土小型砌块、混凝土多孔砖、非承重混凝土空心砖、混凝土实心砖和蒸压灰砂砖砌体基层,应将基层表面的尘土、污垢、油渍等清扫干净,不得浇水润湿;宜在基层上涂抹界面砂浆。界面砂浆应先加水搅拌均匀,无生粉团后再进行满批刮,并应覆盖全部基层墙面,厚度不宜大于 2mm。在界面砂浆表面稍收浆后再进行抹灰。

    5 涂抹薄层抹灰砂浆时,将基层清理干净即可,不需浇水润湿。

6.3.5 内墙抹灰时,应先吊垂直、套方、找规矩、做灰饼、冲筋,并应符合下列规定:

    1 应根据设计图纸要求的抹灰质量及基层表面平整垂直情况,用一面墙做基准,吊垂直、套方、找规矩,并经检查后确定抹灰厚度,抹灰厚度不宜小于 5mm。

    2 当墙面凹度较大时,应分层衬平,每层厚度不应大于 7mm~9mm。

    3 抹灰饼时应根据室内抹灰要求,确定灰饼的正确位置,并应先抹上部灰饼,再抹下部灰饼。垂直与平整再用靠尺板引测。宜用与墙体抹灰相同的抹灰砂浆抹灰饼和冲筋,灰饼宜抹成 50mm 方形。

6.3.6 内墙抹灰时,墙面冲筋(标筋)应符合下列规定:

    1 当灰饼砂浆硬化后,可用与抹灰层相同的砂浆冲筋。

    2 冲筋根数应根据房间的宽度和高度确定。当墙面高度小于 3.5m 时,宜做立筋,两筋间距不宜大于 1.5m;当墙面高度大于 3.5m 时,宜做横筋,两筋间距不宜大于 2m。

6.3.7 内墙抹灰应符合下列规定:

    1 冲筋 2h 后方可抹底灰。

    2 先抹一层薄灰,要求压实并覆盖整个基层,待前一层六七成干时,再分层抹灰、找平。

6.3.8 内墙细部抹灰应符合下列规定:

    1 墙、柱间的阳角应在墙、柱抹灰前采用护角条或砂浆做护角,其高度自地面以上不宜小于 2m,每侧宽度宜为 50mm。对于蒸压加气混凝土砌块填充墙,宜采用护角条做护角,其他墙体可采用 M20 干混普通抹灰砂浆做护角。

2 抹水泥窗台时,应先将窗台基层清理干净,松动的砖或砌块应重新补砌好。再将砖或砌块灰缝划深 10mm,并浇水润湿,然后用 C15 细石混凝土铺实,且厚度应大于 25mm,次日采用界面砂浆抹一遍,厚度应为 2mm,随后再抹 M20 砂浆面层。

3 抹灰前应检查预留孔洞及配电箱、槽、盒安装是否牢固。箱、槽、盒外口应与抹灰面齐平或略低于抹灰面。底灰抹平后,应由专人把洞、箱、槽、盒周边杂物清除干净,用水将周边润湿,然后用砂浆把洞口及箱、槽、盒周边压抹平整、光滑。抹灰后应由专人把洞、箱、槽、盒周边杂物清除干净,并用砂浆抹压平整、光滑。

4 水泥踢脚线和墙裙应用 M20 砂浆分层抹灰。

6.3.9 外墙抹灰前,应先吊垂直、套方、找规矩、做灰饼、冲筋,并应符合下列规定:

1 外墙抹灰找规矩时,应先根据建筑物高度确定放线方法,然后按抹灰操作层抹灰饼。

2 每层抹灰时应以灰饼做基准冲筋。

6.3.10 外墙抹灰应在冲筋 2h 后再抹底灰。先抹一层薄灰,要求压实并覆盖整个基层,每层每次抹灰厚度控制在 5mm～7mm 为宜,待前一层六七成干时,再分层抹灰、找平。

6.3.11 外墙抹灰弹线分格、粘分格条、抹面层灰应根据图纸和构造要求,先弹线分格、粘分格条,待底层七八成干后再抹面层灰。

6.3.12 外墙细部抹灰应符合下列规定:

1 在抹檐口、窗台、窗眉、阳台、雨棚、压顶和突出墙面的腰线以及装饰凸线时,应有流水坡度,下面做滴水线(槽)或鹰嘴,严禁出现倒坡。窗上面的抹灰层应深入窗框周边的缝隙内,并应堵塞密实。

2 阳台、窗台、压顶等部位应用 M20 砂浆分层抹灰。

6.3.13 混凝土顶棚抹灰前,应在四周墙上弹出水平线,以此线作为控制线,先抹顶棚四周,沿圈边找平。

6.3.14 混凝土顶棚找平、抹灰,抹灰砂浆应与基体粘接牢固,表面平顺。顶棚抹灰的厚度不宜大于8mm。

6.3.15 当要求抹灰层具有防水、防潮功能时,应采用普通防水砂浆。

6.3.16 普通抗裂砂浆和普通防水砂浆的施工工艺同普通抹灰砂浆。

6.3.17 装配式建筑宜采用机械喷涂抹灰施工,机械喷涂抹灰施工应符合以下规定:

    1 机械喷涂抹灰施工前,应根据施工现场情况和进度要求,科学、合理地确定施工程序,编制施工方案,明确分配作业人员的任务。喷涂设备应由专人操作和管理,机械喷涂抹灰作业人员应接受过岗位技能和安全培训。

    2 喷涂设备可选用螺杆泵喷涂机、活塞式喷涂机和挤压式喷涂机。

    3 输送泵开机前应按产品说明书检查安全装置的可靠性、管道及接头密封性。作业前,应按操作要求对喷涂系统各组成设备进行试运转,连续运转时间不应少于2min;如有异常,不得作业。

    4 砂浆泵送前,宜采用水泥净浆湿润输送泵和管道。

    5 机械喷涂抹灰施工前,应根据基层平整度及装饰要求确定基准,宜设置灰饼或标筋,标筋横截面宜设置成梯形,表面应平整,并牢固附着在基层上。

    6 机械喷涂时,可根据设备类型和墙面类型选择合理的喷涂路线。

    7 机械喷涂砂浆可根据设备类型采取一次或两次喷涂成活工艺。平均厚度不宜大于20mm。采用两次喷涂成活工艺时,第二次喷涂宜在第一层硬化后进行。

    8 应根据环境温度、砂浆特性和设备类型确定机械喷涂停顿时间间隔,最大不宜超过 45min。

    9 喷涂结束后,应及时将输送泵、输浆管和喷枪清洗干净。

    10 喷涂后,应用直尺刮平,采用铁板或木板进行抹平施工。

6.3.18 天气炎热时,应避免基层受日光直接照射。施工前,基层表面宜洒水湿润。

6.3.19 抹灰砂浆凝结硬化后,应及时进行保湿养护,养护时间不应少于 7d。

6.3.20 抹灰砂浆施工的其他要求,应按《建筑装饰装修工程质量验收规范》GB 50210 的有关规定执行。

6.4 地面砂浆施工

6.4.1 地面砂浆施工稠度宜为 45mm～55mm。

6.4.2 铺设找平层前,当其基层有松散填充料时,应铺平振实。当基层为混凝土时,应清除混凝土表面的粉尘、油渍及松散物质。

6.4.3 施工前应提前 1d 对基层进行洒水处理,施工时基层表面不得有积水。

6.4.4 当基层表面光滑时,应用界面砂浆进行处理。

6.4.5 当地面有防水要求时,施工前应对立管、套管和地漏与楼板节点之间进行密封处理。

6.4.6 当铺设面积超过 30m² 时,应设置分仓缝,其间距不宜大于 6m。

6.4.7 地面砂浆抹压应分 2 次进行,水泥初凝前进行抹平,终凝前进行压实、压光。

6.4.8 地面砂浆施工完成后,砂浆凝结硬化后应进行洒水保湿养护,养护时间不应少于 7d。

6.4.9 地面砂浆施工的其他要求,应按《建筑地面工程施工质量验收规范》GB 50209 的有关规定执行。

7 施工质量验收

7.1 一般规定

7.1.1 本章适用于砖、石、砌块等块材砌筑所用砌筑砂浆的质量验收;适用于墙面和顶棚一般抹灰所用抹灰砂浆的质量验收;适用于建筑地面与屋顶、散水、明沟、踏步、台阶和坡道等找平层和面层砂浆的质量验收。

7.1.2 施工单位应建立各道工序的自检、互检和专职人员检验制度,并应有完整的施工检查记录。

7.1.3 预拌砂浆抗压强度、实体拉伸粘结强度应按验收批进行评定。

7.2 砌筑砂浆施工质量验收

7.2.1 对同品种、同强度等级的砌筑砂浆,干混普通砌筑砂浆应以 100t 为一个检验批,干混薄层砌筑砂浆和轻质保温砌筑砂浆应以 50t 为一个检验批;湿拌砌筑砂浆应以 50m³ 为一个检验批;不足上述数量时,应按一批计。

7.2.2 每检验批应至少留置 1 组抗压强度试块。试块的制作、养护、试压等应符合《建筑砂浆基本性能试验方法标准》JGJ/T 70 的规定,龄期应为 28d。

7.2.3 抗压强度应按验收批进行评定,其合格条件应符合下列规定:

 1 同一验收批砂浆试块抗压强度平均值应大于或等于设计强度等级所对应的立方体抗压强度的 1.10 倍,且最小值应大于或等于设计强度等级所对应的立方体抗压强度的 0.85 倍。

2 同一验收批砂浆抗压强度试块不应少于 3 组。当同一验收批抗压强度试块少于 3 组时,每组试块抗压强度值应大于或等于设计强度等级所对应的立方体抗压强度的 1.10 倍。

检验方法:检查砂浆试块抗压强度检验报告单。

7.2.4 轻质保温砌筑砂浆每个验收批除检验抗压强度外,还应检验干密度和导热系数。

7.2.5 砌筑砂浆施工的其他质量验收,应符合《砌体结构工程施工质量验收规范》GB 50203 的规定。

7.3 抹灰砂浆施工质量验收

7.3.1 抹灰工程检验批的划分应符合下列规定:

1 相同材料、工艺和施工条件的室外抹灰工程,每 1000m² 应划分为一个检验批;不足 1000m² 时,应按一批计。

2 相同材料、工艺和施工条件的室内抹灰工程,每 50 个自然间(大面积房间和走廊按抹灰面积 30m² 为一间)应划分为一个检验批;不足 50 间时,应按一批计。

7.3.2 检查数量应符合下列规定:

1 室外抹灰工程,每检验批每 100m² 应至少抽查 1 处,每处不得小于 10m²。

2 室内抹灰工程,每检验批应至少抽查 10%,并不得少于 3 间;不足 3 间时,应全数检查。

7.3.3 抹灰层应密实,应无脱层、空鼓,面层应无起砂、爆灰和裂缝。

检验方法:观察和用小锤轻击检查。

7.3.4 抹灰表面应光滑、平整、洁净、接槎平整、颜色均匀,分格缝应清晰。

检验方法:观察检查。

7.3.5 护角、孔洞、槽、盒周围的抹灰表面应整齐、光滑;管道后面的抹灰表面应平整。

检验方法:观察检查。

7.3.6 对同一品种、同一强度等级的抹灰砂浆,每检验批且不超过1000m²应至少留置1组抗压强度试块。试块的制作、养护、试压等应符合《建筑砂浆基本性能试验方法标准》JGJ/T 70的规定,龄期应为28d。

7.3.7 抗压强度应按验收批进行评定。当同一验收批砂浆试块抗压强度平均值大于或等于设计强度等级,且抗压强度最小值必须大于或等于设计强度等级值的0.85倍时,判定该批砂浆的抗压强度为合格;否则,判定为不合格。当同一验收批试块少于3组时,每组试块抗压强度均须大于或等于设计强度等级值。

检验方法:检查砂浆试块抗压强度检验报告单。

7.3.8 当内墙抹灰工程中抗压强度检验不合格时,应在现场对内墙抹灰层进行拉伸粘结强度检测,并以其检测结果为准;当外墙或顶棚抹灰施工中抗压强度检验不合格时,应对外墙或顶棚抹灰砂浆加倍取样进行拉伸粘结强度检测,并以其检测结果为准。

7.3.9 室外和顶棚抹灰层拉伸粘结强度检测时,相同砂浆品种、强度等级、施工工艺的抹灰工程每5000m²应划分为一个检验批,每个检验批应取1组试件进行检测;不足5000m²时,也应取1组。

7.3.10 同一验收批的抹灰层拉伸粘结强度平均值应不小于表7.3.10中的规定值,且最小值必须大于或等于表7.3.10中规定值的0.85倍。当同一验收批拉伸粘结强度试验少于3组时,每组试件拉伸粘结强度均须大于或等于表7.3.10中的规定值。

检查方法:检查实体拉伸粘结强度检验报告单。

表7.3.10　抹灰砂浆拉伸粘结强度规定值

抹灰砂浆品种	拉伸粘结强度(MPa)
内墙抹灰砂浆	0.15
外墙、顶棚抹灰砂浆	0.25

7.3.11　当抹灰砂浆外表面粘贴饰面砖时,尚应符合《外墙饰面砖工程施工及验收规程》JGJ 126 和《建筑工程饰面砖粘结强度检验标准》JGJ 110 的规定。

7.3.12　机械喷涂抹灰施工质量验收应按照抹灰砂浆施工质量验收规范进行。

7.3.13　抹灰砂浆施工的其他质量验收,应符合《建筑装饰装修工程质量验收规范》GB 50210 的规定。

7.4　地面砂浆施工质量验收

7.4.1　地面砂浆应按每一层次或每层施工段(或变形缝)作为一个检验批。

7.4.2　检查数量应符合下列规定:

　　1　每检验批应按自然间或标准间随机检验,抽查数量不应少于 3 间;不足 3 间时,应全数检查。走廊(过道)应以 10 延长米为 1 间计算,屋面以 2 个轴线为 1 间计算,工业厂房(按单跨计)、礼堂、门厅应以 2 个轴线为 1 间计算。

　　2　对有防水要求的建筑地面与屋面,每检验批应按自然间(或标准间)总数随机检验,抽查数量不应少于 4 间;不足 4 间时,应全数检查。

7.4.3　砂浆层应平整、密实,上一层与下一层应结合牢固,应无空鼓、裂缝。当空鼓面积不大于 $400mm^2$,且每自然间(标准间)不多于 2 处时,可不计。

　　检验方法:观察和用小锤轻击检查。

7.4.4 砂浆层表面应洁净,并应无起砂、脱皮、麻面等缺陷。

　　检验方法:观察检查。

7.4.5 踢脚线应与墙面结合牢固、高度一致、出墙厚度均匀。

　　检验方法:观察和用钢尺、小锤轻击检查。

7.4.6 砂浆面层的允许偏差和检验方法应符合表 7.4.6 的规定。

表 7.4.6　砂浆面层的允许偏差和检验方法

项目	允许偏差(mm)	检验方法
表面平整度	4	用 2m 靠尺和楔形塞尺检查
踢脚线上口平直	4	拉 5m 线和用钢尺检查
缝格平直	3	拉 5m 线和用钢尺检查

7.4.7 对同一品种、同一强度等级的地面砂浆,每检验批且不超过 1000m² 应至少留置 1 组抗压强度试块。抗压强度试块的制作、养护、试压等应符合《建筑砂浆基本性能试验方法标准》JGJ/T 70 的规定,龄期应为 28d。

7.4.8 地面砂浆抗压强度应按验收批进行评定。当同一验收批地面砂浆试块抗压强度平均值大于或等于设计强度等级所对应的立方体抗压强度值时,判定该批地面砂浆的抗压强度为合格;否则,判定为不合格。

　　检验方法:检查砂浆试块抗压强度检验报告单。

7.4.9 地面砂浆施工的其他质量验收,其他应符合《建筑地面工程施工质量验收规范》GB 50209 的规定。

附录 A 开裂指数试验方法

A.0.1 试验仪器设备

1 砂浆搅拌机:搅拌筒容量(进料)28L,搅拌筒额定容量(出料)15L。

2 电子秤:量程 12kg;分度值 2g;精度 3 级。

3 工业天平:量程 5000g;分度值 10mg;精度 9 级(M1)。

4 台秤:量程 50kg;分度值 20g;精度 3 级。

5 风扇:风速为 4m/s～5m/s。

6 碘钨灯:1000W。

7 钢卷尺:量程 5000mm;分度值 1mm。

8 塞尺:量程 4.07mm;分度值 0.01mm。

9 试验用的模板见图 A.0.1(单位 mm)。

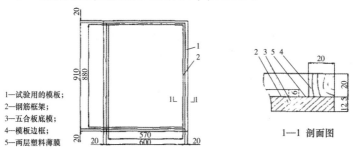

1—试验用的模板;
2—钢筋框架;
3—五合板底模;
4—模板边框;
5—两层塑料薄膜

1—1 剖面图

图 A.0.1 模板图(单位:mm)

试验用的模板底部为五合板,四周边框为硬木制成,模板底部和四周边框用木螺钉和白胶水固定;模板内净尺寸(即试件尺寸):长 910mm±3mm、宽 600mm±3mm、高 20mm±1mm;模板底部衬有两层塑料薄膜,以减小底模对试件收缩变形的影响;模板四周、底部应保持平整状态,无翘曲、凹坑的现象;模板内放置直径为 8mm 光圆钢筋的框架,框架的外围尺寸(包括钢筋在内):长 880mm±3mm、宽 570mm±3mm,框架四角分别焊接四个竖向钢筋端头,钢筋端头离模板底部的高度为 6mm;钢筋框架允许重复使用,但钢筋框架应保持清洁干净,没有明显的变形,无翘曲、脱焊的现象,框架应处于同一个平面,以保证下次使用时不露出砂浆表面。

A.0.2 试验室条件

应在温度为 20℃±3℃、相对湿度为 60%±5% 的室内进行。

A.0.3 试验方法

1 试验用的模板应水平并排摆放在坚固、平整的试验平台上,并保持平整,模板间距为 300mm,事先在模板内部全部铺好两层薄膜,然后放入钢筋框架,钢筋框架应处于模板内的中心位置。

2 试验室拌制一盘砂浆的用量应足够满足一块试验用模板的用量。一块试件的砂浆用量为 25kg,用水量满足 90mm～100mm 的砂浆稠度要求。

3 将拌合料沿着模板的边缘螺旋式向中心进行浇筑,直至拌合料充满整个模板,立即用光滑的宽度不小于 25mm、长度大于模板短边的铝合金方管(使用前用湿抹布擦拭干净)沿着模板的长边从试件中心线向两边快速刮平试件表面。

4 立即开启风扇吹向试件表面,风扇位于距模板短边150mm 处,风叶中心与试件表面平行,试件横向中心线的风速为 4m/s～5m/s。

5 同时开启 1000W 碘钨灯,碘钨灯位于试件横向中心线的上方 1.2m、距模板长边 150mm 处,连续光照 4h 后关闭碘钨灯。试验布置示意见图 A.0.3,并记录开启、关闭的时间。

6 风扇连续吹 24h 后,用塞尺分段测量裂缝宽度 d,按裂缝宽度分级测量裂缝长度 l,用棉纱线沿着裂缝的走向取得相应的长度,以钢卷尺测量其值 l,单位为 mm。测得的数值尾数如小于

5mm 时，尾数取 0mm；当大于或等于 5mm 时，尾数取 10mm。裂缝测量过程中测量者应为同一人。

7 记录试验开始和结束的试验室温、湿度条件。

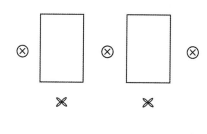

⊗—碘钨钉
✕—电扇

图 A.0.3 试验布置示意

A.0.4 开裂指数计算

1 以约束区内的裂缝作为本次试验的评定依据。根据裂缝宽度把裂缝分为五级，每一级对应着一个权重值（表 A.0.4），将每一条裂缝的长度乘以其相对应的权重值，再相加起来所得到的总和称为开裂指数 W，以此表示水泥砂浆的开裂程度。

表 A.0.4 权重值

裂缝宽度 d(mm)	权重值 A
$d \geqslant 3$	3
$3 > d \geqslant 2$	2
$2 > d \geqslant 1$	1
$1 > d \geqslant 0.5$	0.5
$d < 0.5$	0.25

2 开裂指数以 mm 计，按下式计算：

$$W = \sum (A_i \cdot l_i)$$

式中：W——开裂指数（mm）；

A_i——权重值；

l_i——裂缝长度。

3 以两个试件开裂指数的算术平均值作为该组试件的开裂指数值,计算精确至 1mm。

附录 B 压力泌水率试验方法

B.0.1 试验条件

标准试验条件:环境温度 20℃±5℃。

B.0.2 试验仪器

1 压力泌水仪:缸体内径应为 125mm±0.02mm;内高应为 200mm±0.2mm;工作活塞公称直径应为 125mm;筛网孔径应为 0.315mm。

2 钢制捣棒:直径 10mm,长 350mm,端部磨圆。

3 烧杯:容量宜为 200ml,2 个。

B.0.3 试验步骤

1 称取 10kg 干混砂浆,用水量以砂浆稠度控制在 95mm±5mm 确定,按《建筑砂浆基本性能试验方法标准》JGJ/T 70 规定的方法进行搅拌。对湿拌砂浆,直接称取 10kg 试样。

2 将制好的砂浆一次性装入压力泌水仪缸体内,用捣棒由边缘向中心顺时针均匀地插捣 25 次,捣实后的试样表面应低于缸体筒口 30mm±2mm。安装好仪器,并将缸体外表面擦干净。

3 应在 15s 内给试样加压至 3.2MPa,并应在 2s 内打开泌水阀门,同时开始计时,并保持恒压。泌出的水接入烧杯中,10s 时迅速更换另一只烧杯,持续到 140s 时关闭泌水阀门,结束试验。

4 分别称量 10s、140s 时的泌水质量,精确到 0.1g。

B.0.4 试验结果

1 压力泌水率应按下式计算:

$$B_w = \frac{m_{10}}{(m_{10} + m_{140})} \qquad (B.0.4)$$

式中：B_w——压力泌水率（%），精确到 0.1%；

m_{10}——加压至 10s 时的泌水质量（g）；

m_{140}——加压至 140s 时的泌水质量（g）。

2　压力泌水率取两次试验结果的平均值，精确到 1%。

本标准用词说明

1 为便于在执行本标准条文时区别对待，对要求严格不同的用词说明如下：

 1）表示很严格，非这样做不可的用词：

  正面词采用"必须"；

  反面词采用"严禁"。

 2）表示严格，在正常情况下均应这样做的用词：

  正面词采用"应"；

  反面词采用"不应"或"不得"。

 3）表示允许稍有选择，在条件许可时首先应这样做的用词：

  正面词采用"宜"；

  反面词采用"不宜"。

 4）表示有选择，在一定条件下可以这样做的用词，采用"可"。

2 条文中指明应按其他有关标准执行的写法为："应符合……的规定"或"应按……执行"。

引用标准名录

1 《通用硅酸盐水泥》GB 175

2 《水泥包装袋》GB 9774

3 《砌体结构设计规范》GB 50003

4 《砌体结构工程施工质量验收规范》GB 50203

5 《建筑地面工程施工质量验收规范》GB 50209

6 《建筑装饰装修工程质量验收规范》GB 50210

7 《用于水泥和混凝土中的粉煤灰》GB/T 1596

8 《轻集料及其试验方法》GB/T 1743.1

9 《绝热材料稳态热阻及有关特性的测定 防护热板法》
GB/T 10294

10 《建设用砂》GB/T 14684

11 《用于水泥、砂浆和混凝土中的粒化高炉矿渣粉》GB/T 18046

12 《建筑保温砂浆》GB/T 20473

13 《混凝土和砂浆用再生细骨料》GB/T 25176

14 《预拌砂浆》GB/T 25181

15 《混凝土搅拌运输车》GB/T 26408

16 《砂浆和混凝土用硅灰》GB/T 27690

17 《砌体基本力学性能试验方法标准》GB/T 50129

18 《蒸压加气混凝土墙体专用砂浆》JC/T 890

19 《混凝土界面处理剂》JC/T 907

20 《砌筑砂浆增塑剂》JG/T 164

21 《混凝土用水标准》JGJ 63

22 《建筑工程饰面砖粘结强度检验标准》JGJ 110

23 《外墙饰面砖工程施工及验收规程》JGJ 126

24　《建筑砂浆基本性能试验方法标准》JGJ/T 70

25　《天然沸石粉在混凝土与砂浆中应用技术规程》JGJ/T 112

26　《预拌砂浆应用技术规程》JGJ/T 223

27　《干混砂浆散装移动筒仓》SB/T 10461

上海市工程建设规范

预拌砂浆应用技术标准

DG/TJ 08-502-2020
J 10012-2020

条 文 说 明

2020 上海

目　次

Contents

1 总 则

1.0.1 本条说明了制定本标准的目的。

与现场拌制砂浆相比,采用工业化生产的砂浆(即预拌砂浆)可保证砂浆质量、减少原材料的浪费、提高施工文明程度以及降低环境污染,贯彻绿色施工要求。预拌砂浆作为一种商品,必须制定出在技术上和管理上具有可操作性的预拌砂浆应用技术标准,规范预拌砂浆的施工质量控制标准,使砂浆商品化做到技术先进、质量保证、经济合理。

1.0.2 本条说明了标准的适用范围。

本标准适用于建设工程的砌筑、抹灰及地面与屋面工程中预拌砂浆的应用与质量验收。

1.0.3 本条指出了本标准与其他有关标准之间的关系。

2 术语和代号

2.1 术 语

2.1.1~2.1.3 对不同预拌砂浆按照产品形式、组成、运输及使用特点进行定义。

2.1.4~2.1.5 此两条给出了再生细骨料及其取代率的定义。再生细骨料来源于建(构)筑物中的废弃混凝土,采用再生细骨料取代天然细骨料制备预拌砂浆,对于减缓建(构)筑废弃物对环境的压力、减少天然砂石骨料的开采以及实现建筑材料的循环利用具有重要意义。

2.1.6 本条给出了轻质保温砌筑砂浆用轻细骨料的定义,符合《轻集料及其试验方法》GB/T 17431.1 的术语规定。

2.1.7 本条说明了保水增稠材料的作用及特性。《建筑砂浆配合比设计规程》JGJ/T 98 规定消化石灰粉不得直接用于砌筑砂浆,故干混普通砂浆中禁止使用消化石灰粉作为保水增稠材料;同时石灰膏含水率大,不能直接用于干混砂浆生产;作为气硬性材料,石灰还使得水泥石灰混合砂浆硬化后耐水性差、收缩大、粘结力小。因此,本标准规定用于干混普通砂浆的保水增稠材料,应是非石灰型,并能与水泥性质相匹配,以保证所拌制的砂浆性能良好。

现在主要采用的保水增稠材料为砂浆稠化粉,也不排除使用其他符合标准规定的产品,但应保证所拌制的砌筑砂浆具有水硬性,且保水性、凝结时间、可操作性等指标符合本标准要求,更重要的是,砌体强度应满足《砌体结构设计规范》GB 50003 的要求。

采用砂浆稠化粉作为保水增稠材料的砂浆砌体力学性能试

验结果见表 1～表 3,试验结果满足《砌体结构设计规范》GB 50003 的要求。

表 1　**MU15 混凝土多孔砖、M5 砂浆砌筑的砌体力学性能数理统计结果**

项目	试验值					GB 50003 要求	
	平均值（MPa）	标准离差（MPa）	变异系数（%）	标准值（MPa）	设计值（MPa）	标准值（MPa）	设计值（MPa）
轴心抗压	5.67	0.748	13.2	4.44	2.96	2.91	1.94
通缝抗剪	0.29	0.057	20.1	0.19	0.13	0.19	0.12
弯曲抗拉沿通缝	0.32	0.038	11.7	0.26	0.17	0.19	0.12
弯曲抗拉沿齿缝	0.67	0.051	7.5	0.59	0.39	0.38	0.25

注:M5 砂浆实测强度为 3.8MPa,底模为混凝土多孔砖。

表 2　**MU15 混凝土多孔砖、M10 砂浆砌筑的砌体力学性能数理统计结果**

项目	试验值					GB 50003 要求	
	平均值（MPa）	标准离差（MPa）	变异系数（%）	标准值（MPa）	设计值（MPa）	标准值（MPa）	设计值（MPa）
轴心抗压	8.77	0.745	8.5	7.55	5.03	3.66	2.44
通缝抗剪	0.52	0.079	15.0	0.39	0.26	0.27	0.18
弯曲抗拉沿通缝	0.54	0.089	16.4	0.39	0.26	0.27	0.18
弯曲抗拉沿齿缝	0.71	0.031	4.4	0.66	0.44	0.53	0.36

注:M10 砂浆实测强度为 8.3MPa,底模为混凝土多孔砖。

表3 MU15混凝土多孔砖、M10砂浆砌筑的
砌体力学性能数理统计结果

项目	试验值					GB 50003要求	
	平均值 (MPa)	标准离差 (MPa)	变异系数 (%)	标准值 (MPa)	设计值 (MPa)	标准值 (MPa)	设计值 (MPa)
轴心抗压	9.50	0.751	7.9	8.26	5.51	3.66	2.44
通缝抗剪	0.99	0.226	22.7	0.62	0.41	0.27	0.18

注:M10砂浆实测强度为20MPa,底模为普通黏土砖。

2.1.8 本条给出了添加剂的范围。

2.1.9 本条给出了矿物掺合料的定义。

2.1.10 本条给出了机械喷涂抹灰的定义。相比手工抹灰,机械喷涂抹灰施工质量好,抹灰与基层粘结牢固,可降低空鼓、开裂等问题,且机械化喷涂施工能够极大地提高劳动效率,减轻劳动强度,提高工效;此外,机械化喷涂抹灰还能够降低砂浆材料损耗,减少浪费。

2.1.11 本条给出了压力泌水率的定义。

2.2 代 号

2.2.1 本条规定了干混砂浆的代号。

2.2.2 条文中表2.2.2湿拌砂浆代号为新代号,为方便建设工程人员应用,湿拌砂浆新旧代号对应关系如表4所示。

表4 湿拌砂浆新旧代号对应关系

品种	湿拌砌筑砂浆	湿拌抹灰砂浆	湿拌地面砂浆	湿拌防水砂浆
新代号	WM	WP	WS	WW
旧代号	RM	RP	RS	RW

3 材 料

3.1 原材料要求

3.1.1～3.1.2 规定了预拌砂浆所用材料安全、环保及品质的要求。

3.1.3 规定了预拌砂浆用水泥的品种及性能指标。

3.1.4 细骨料

  1 预拌砂浆的细骨料必须经过筛分处理,最大粒径应通过4.75mm 筛孔。不同类型预拌砂浆对细骨料的粒径和颗粒级配要求不同,按需选用。根据《关于加强本市建设用砂管理的暂行意见》(沪建建材联〔2020〕81 号)的要求,规定建设用砂氯离子含量应不大于 0.02%。

  2～3 结合试验数据和《混凝土和砂浆用再生细骨料》GB/T 25176、《再生骨料应用技术规程》JGJ/T 240 的有关要求,规定了再生细骨料在预拌砂浆中的应用范围、技术指标以及再生细骨料取代率范围。再生胶砂需水量比应小于 1.75,再生胶砂强度比应大于 0.70。

  本市典型企业生产的四种再生细骨料(A、B、C、D)性能测试数据见表 5。

表 5 再生细骨料性能测试数据

| 编号 | MB值 | 微粉含量(%) | 泥块含量(%) | 再生胶砂 | | 单级最大压碎指标(%) | 堆积密度(kg/m³) | 表观密度(kg/m³) | 空隙率(%) | 细度模数 |
				需水量比	强度比					
A	0.5	7.3	1.4	1.68	0.65	27.2	1140	2220	48.6	2.3
B	0.4	3.8	1.1	1.58	0.74	19.9	1130	2180	48.2	2.7
C	1.5	6.5	1.8	1.76	0.69	27.2	1120	2340	52.1	2.8
D	0.8	7.8	1.6	1.63	0.74	24.6	1200	2360	49.2	3.0

采用再生细骨料制备预拌砂浆性能测试数据见表6和表7。由表可知,再生细骨料取代率不大于50%时,干混普通砌筑砂浆和干混普通抹灰砂浆均满足《预拌砂浆》GB/T 25181的性能要求;再生细骨料取代率大于50%时,部分砂浆性能不满足要求。为保证再生细骨料应用于预拌砂浆时砂浆性能满足标准要求且有一定程度富余,本标准规定再生细骨料取代率不宜大于40%。

表6 再生细骨料配制砂浆基本性能测试数据

| 编号 | 强度等级 | 再生细骨料 | | 水固比 | 稠度(0/2h)(mm) | 保水率(%) | 抗压强度(MPa) | | 拉伸粘结强度(MPa) |
		种类	取代率(%)				7d	28d	
A0	DP10	—	0	0.12	94/59	90	10.8	18.9	0.20
A1	DP10	A	30	0.15	97/65	89	9.5	12.8	0.21
A2	DP10	B	30	0.15	96/64	90	9.9	16.3	0.22
A3	DP10	C	30	0.17	96/62	90	9	14.5	0.21
A4	DP10	D	30	0.15	95/68	91	9.4	14.5	0.26
B0	DM10	—	0	0.11	76/42	89	13.5	21.4	—
B1	DM10	A	30	0.14	81/38	91	10.7	16.3	—
C2	DP10	A	50	0.17	95/68	92	8.8	14.4	0.23
C3	DP10	A	70	0.18	94/61	89	7.6	11.4	0.23
D1	DP10	E	30	0.15	95/62	90	9.8	16.2	0.24
D2	DP10	E	50	0.16	93/60	90	9.1	14.1	0.21
D3	DP10	E	70	0.18	93/57	90	9.3	15.6	0.17
D4	DP10	E	100	0.20	93/52	92	9.2	12	0.14

表 7　再生细骨料配制砂浆耐久性能测试数据

| 编号 | 强度等级 | 抗冻性(冻融循环 25 次) | | 干燥收缩率(%) | | | | |
		质量损失率(%)	抗压强度损失率(%)	7d	14d	28d	56d	90d
A0	DP10	0.01	20	0.0536	0.0586	0.0680	0.0692	0.0716
A1	DP10	0.04	8.6	0.0904	0.1029	0.1100	0.1100	0.1100
A2	DP10	—	—	0.0812	0.1042	0.1131	0.1131	0.1131
A3	DP10	—	—	0.0917	0.1095	0.1203	0.1215	0.1239
A4	DP10	—	—	0.0724	0.0938	0.1009	0.1021	0.1021
B0	DM10	0.03	15.7	0.0452	0.0580	0.0631	0.0631	0.0631
B1	DM10	0.06	−13.8	0.0804	0.1053	0.1100	0.1112	0.1124
C2	DP10	0.01	−21.3	0.0920	0.1177	0.1407	0.1419	0.1419
C3	DP10	—	—	0.1016	0.1551	0.1640	0.1640	0.1640
D1	DP10	—	—	0.0856	0.0945	0.1141	0.1141	0.1159
D2	DP10	—	—	0.0905	0.1096	0.1227	0.1227	0.1250
D3	DP10	0.09	3.8	0.1035	0.1165	0.1330	0.1330	0.1330
D4	DP10	0.06	10.6	0.1395	0.1502	0.1968	0.1968	0.2003

注:强度损失率中,"—"代表强度增加。

4　给出了轻质保温砌筑砂浆用轻细骨料的性能要求。

5　给出了机械喷涂抹灰砂浆用细骨料的粒径要求。采用螺杆泵喷涂时,砂浆最大粒径不宜大于 3.0mm;采用活塞泵喷涂时,砂浆最大粒径不宜大于 4.75mm。

6　干混砂浆的细骨料必须经过烘干处理,宜采用天然气进行烘干。烘干后细骨料含水率过高,则细骨料中的水分易与胶结料作用而影响材料性能;烘干后细骨料含水率过低,则烘干能耗太高,不经济。本标准规定烘干后细骨料的含水率应小于 0.5%。抹灰砂浆用细骨料的细度模数不应小于 2.3,否则抹灰层易开裂。

抹灰砂浆用机制砂的石粉含量不宜大于 5.0%。

3.1.5　保水增稠材料

按《砌筑砂浆增塑剂》JG/T 164 的规定确定性能指标。

3.1.6　矿物掺合料

1　规定了粉煤灰的品质要求及种类。

2　规定了其他矿物掺合料的品质要求。

3.1.7　添加剂

普通干混砂浆添加剂种类很多,它们应与无机胶结料相容性良好,且无害于砂浆耐久性。

3.1.8　湿拌砂浆砂浆缓凝剂

本条规定了湿拌砂浆缓凝剂应具备的特殊作用。湿拌砂浆试验初期曾使用糖蜜、木钙类缓凝剂,但缓凝时间达不到要求,或达到要求而砂浆上墙后不能正常凝结硬化。湿拌砂浆使用前应在密闭容器中长时间保持不凝结;而使用后又能在较短时间内凝结硬化,以保证施工进度。因此,湿拌砂浆缓凝剂必须同时具有这两种性能。本标准规定了湿拌砂浆缓凝剂能够使砂浆缓凝时间超过 24h,而不影响正常使用后砂浆的硬化性能。

在选用湿拌砂浆缓凝剂时,应根据砂浆的性能要求及气候条件,结合砂浆的原材料性能、配合比以及对水泥的适应性等因素,通过试验确定其掺量。

3.2　分类和性能要求

3.2.1　本条给出了预拌砂浆的分类。

干混砂浆可分为干混普通砂浆和干混特种砂浆。其区别在于:干混特种砂浆根据需要掺加了添加剂,使材料性质发生了很大变化。

为规范预拌砂浆机械化施工,使广大生产和施工企业有据可依,引领和规范行业进步,干混普通砂浆分类中增加机械喷涂普通抹灰砂浆;为提高本市建筑墙体的隔热保温效果,降低能源消耗,干混特种砂浆分类中增加轻质保温砌筑砂浆。

砌筑砂浆一般由水泥、砂、添加剂和水制成,干密度大,导热系数高,用于多孔轻质保温砖或者轻质保温砌块砌筑时,砌筑灰缝与砌块二者导热系数相差过大,易使整个墙体出现"冷桥"现象,造成隔热保温的缺陷。因此,干混特种砂浆种类中增加轻质保温砌筑砂浆,其具有可操作性好、干密度较小和导热系数低等特点,尤其适合与多孔轻质保温砖或轻质保温砌块配合使用,消除墙体的"冷桥",提高整个墙体的隔热保温效果。

对实验室成型的两种强度等级的轻质保温砌筑砂浆进行性能测试,试验数据见表8。由表可知,两种强度等级的轻质保温砌筑砂浆的干密度≤1000kg/m³,导热系数≤0.30W/(m·K)。

表8 轻质保温砌筑砂浆性能测试结果

强度等级	干密度(kg/m³)	导热系数[W/(m·K)]	抗压强度(MPa)
M5	726	0.1847	5.74
M7.5	797.4	0.2036	8.03

强度是砂浆硬化后最重要的性能指标之一。根据国内几十年来的应用情况,结合《砌筑砂浆配合比设计规程》JGJ/T 98、《建筑装饰工程施工及验收规范》GB 50210 和《建筑地面工程施工质量验收规范》GB 50209 的有关规定,对预拌砂浆按强度等级、抗渗等级、稠度和凝结时间进行分类。机械喷涂普通抹灰砂浆可划分为 M5、M10、M15 和 M20 四个强度等级,轻质保温砌筑砂浆可分为 M5 和 M7.5 两个强度等级,地面砂浆划分为 M20 和 M25 两个强度等级。

3.2.2 干混砂浆性能

1～4 规定了干混砂浆的性能要求。

材料的收缩包括塑性收缩和干燥收缩。塑性收缩主要是材料在塑性或硬化初期由于砂浆失水引起材料内聚,产生的拉应力大于材料本身的抗拉强度,从而产生裂缝。对于干混普通抗裂抹灰砂浆,除应规定其28d干燥收缩率指标外,尚应对其塑性收缩作出规定。依据《水泥砂浆抗裂性能试验方法》JC/T 951中的开裂指数试验方法,通过对新拌样品进行风扇吹风和碘钨灯照射模拟施工现场环境,用开裂指数反映抹灰砂浆的早期塑性抗收缩开裂的性能,见表9。

表9 干混普通抗裂抹灰砂浆的开裂指数

强度等级	开裂指数(mm)
M10	0
M15	0

5 规定了干混砂浆进场检验项目及性能指标。机械喷涂抹灰施工是采用泵送方法将砂浆拌合物沿管道输送至喷枪出口端,再利用压缩空气将砂浆喷涂至作业面上的抹灰工艺。为避免砂浆在管道受压输送及喷涂过程中离析泌水,规定干混机械喷涂普通抹灰砂浆的压力泌水率小于35%;干混薄层砌筑砂浆的性能指标按《蒸压加气混凝土用砌筑砂浆与抹灰砂浆》JC/T 890的规定执行;干混界面砂浆的性能指标按《混凝土界面处理剂》JC/T 907的规定执行。

3.2.3 湿拌砂浆性能

1~3 规定了湿拌砂浆的性能要求、进场检验项目和砂浆稠度允许偏差。

3.3 试验方法

3.3.1 规定了干混砂浆和湿拌砂浆的试验稠度。干混薄层砌筑砂浆和轻质保温砌筑砂浆的试验稠度为70mm~80mm,干混机械喷涂普通抹灰砂浆的试验稠度为90mm~100mm。

3.3.2~3.3.18 规定了预拌砂浆的试验方法。

3.4 包装、运输和储存

3.4.1 包装

1~2 规定了袋装干混砂浆包装袋的要求及包装质量的误差范围。

3~4 对袋装和散装干混砂浆的包装标志进行了详细规定。

3.4.2 运输

1 干混砂浆运输过程中应防雨、防潮,以保证砂浆质量。

2 用翻斗车作为运输工具易造成湿拌砂浆的离析,故规定应使用带搅拌装置的运输车运输,运输车的方量大小应遵循经济原则。装料口应保持清洁,筒体内不得有积水、积浆,在运输和卸料时不得随意加水,是为了确保砂浆的配合比符合设计要求,保证砂浆的质量。

湿拌砂浆的运输延续时间与不同的气温条件有关,要避免过长的运输时间以防交货稠度与出机稠度的偏差难以控制。根据应用经验,湿拌砂浆的运输延续时间应符合条文中表 3.4.2 的规定。

3.4.3 干混砂浆在现场储存过程中应防雨、防潮,以保证砂浆质量。试验表明(表 10),干混砂浆在 6 个月内强度变化不大。但考虑到国标规定水泥的保质期为 3 个月,故本标准将袋装普通干混砂浆和散装干混砂浆的保质期均定为 3 个月。考虑到特种干混砂浆中水泥量较少,故规定袋装特种干混砂浆的保质期为 6 个月。

表 10　不同储存时间干粉砂浆强度的变化

干粉砂浆编号	28d 抗压强度(MPa/%)	
	混合后立即成型	混合后 6 个月成型
DP20	33.1/100	31.3/94
DP15	21.7/100	21.4/99

4 设 计

4.1 一般规定

4.1.1 以往对砂浆的抗冻性要求不高,一般仅为冻融循环 15 次。近年来,一些掺有大量粉煤灰或各类引气剂的砂浆不断被采用,若不对其质量严加监控,作为墙体重要组成部分的砂浆将会出现严重的质量问题,并将危及墙体的使用及安全。本条对砂浆提出了与墙体块材相同的抗冻要求。

4.2 砌筑砂浆

4.2.1 规定了用于承重结构的普通混凝土小型砌块的砌筑砂浆的最低强度等级。

4.2.2 潮湿环境对砌筑砂浆的耐久性能有不利影响。因此,本条规定了用于潮湿环境中的砌筑砂浆强度等级。

4.2.3 灰缝增厚会降低砌体抗压强度,过薄将不能很好地垫平块材,产生局部挤压现象。由于薄层砌筑砂浆中常掺有少量添加剂,砂浆的保水性及粘结性能均较好,可以实现薄层砌筑。目前薄层砂浆施工法多用于块材尺寸精度高的块材砌筑,如蒸压加气混凝土砌块。

4.2.4 轻集料混凝土小型空心砌块、蒸压加气混凝土砌块和烧结保温砌块(砖)等砌体砌筑时,宜采用干密度较小、导热系数低的轻质保温砌筑砂浆砌筑,从而消除墙体的"冷桥",提高整体隔热保温效果。

4.3 抹灰砂浆

4.3.1 混凝土墙体表面比较光滑,不容易吸附砂浆;加气混凝土砌块具有吸水速度慢,但吸水量大的特点,在这些材料基层上抹灰比较困难。采用与之配套的干混界面砂浆在基层上先进行界面增强处理,然后再抹灰,这样可增加抹灰层与基底之间的粘结,也可降低加气混凝土砌块吸收砂浆中水分的能力。

由材料供应单位提供配套干混界面砂浆和预拌普通抹灰砂浆,可以分清职责,方便日后出现问题时查找原因和划分责任。双组分界面剂现场质量控制困难,易发生质量事故。

4.3.2～4.3.5 参照《墙体材料应用统一技术规范》GB 50574 中第3.4.5条而定。

工程实践表明,抹灰砂浆只规定体积配合比而无强度指标要求是不恰当的,因无法检查竣工后的墙面是否按设计配合比进行施工;体积配合比忽略水泥强度等级因素,浪费资源,提高造价且不够科学。用不同强度等级的水泥,以同一体积比配置出的砂浆强度是不同的;仅有体积配比不适应不同强度等级的水泥配置砂浆,也不适应预拌砂浆的需要,同时也无法区分、标识砂浆的性能。因此,对抹灰砂浆提出了抗压强度等级要求。

研究表明,由于蒸压加气混凝土的弹性模量偏低,采用较高强度等级的抹灰砂浆后,由于抹灰层与基层墙体变形的不协调,易引发饰面层空鼓、开裂乃至脱落。因此,采用与制品自身性能相近的抹灰砂浆能保证墙体的抹灰质量。

薄抹灰作法适应了块体材料块形尺寸精度的现状,提倡薄抹灰可减轻墙体自重、减少砂浆用量、简化施工工艺,有利于提高墙体质量。

4.3.6 实践证明,抹灰砂浆底层强度低、面层强度高是产生裂缝的主要原因之一。因此,规定强度高的抹灰砂浆不应涂抹在强度低的基层抹灰砂浆上。

4.3.7 根据抹灰工程中抹灰砂浆实际厚度情况,规定了内墙、外墙、顶棚和蒸压加气混凝土砌块基层的抹灰层厚度。

4.3.8 设置分格缝的目的是释放收缩应力,避免外墙大面积抹灰时引起的砂浆开裂。

4.3.9 为了防止抹灰总厚度太厚引起砂浆层裂缝、脱落,当总厚度超过 35mm 时,需采取增设钢丝网等加强措施。不同材质基体相接处,由于材质的吸水和收缩不一致,容易导致交接处表面的抹灰层开裂,故应采取加强措施。可采取在同一表面钉金属网或钢板等措施,可避免因基体收缩、变形不同引起的砂浆裂缝。

4.3.10 根据施工经验和实际需要,给出了抹灰砂浆施工时的稠度范围。但该稠度范围仅作为参考值,具体稠度应根据天气、施工经验等进行适当调整。

4.4 地面砂浆

4.4.1 地面砂浆层需承受一定的荷载,且要求具有一定的耐磨性,故要求地面砂浆应具有较高的抗压强度。

4.4.2 建筑设计规范对建筑净高有一定的要求,故规定地面砂浆找平层厚度不宜大于 30mm。

4.4.3 地面砂浆层需承受一定的荷载,故规定不应小于 20mm。

4.4.4 如果地面砂浆稠度过大,容易造成砂浆失水收缩而引起开裂。因此,控制地面砂浆用水量,是保证地面面层砂浆不起砂、不起灰的有效措施。

5 进场检验、储存与拌合

5.1 进场检验

5.1.1 预拌砂浆进场时,供应单位应提供产品质量证明文件,它们是验收资料的一部分。质量证明文件包括产品型式检验报告、出厂检验报告和质量保证书等。进场时提交的出厂检验报告可先提供砂浆拌合物性能检验结果,如稠度、保水率等。其他力学性能出厂检验结果应在试验结束后的7d内提供给需方。

同时生产厂家还需提供产品使用说明书等,使用说明书是施工时参考的主要依据,必要的内容信息一定要完善齐全。

5.1.2 预拌砂浆在储存与运输过程中,容易造成物料分离,从而影响砂浆的质量。因此,预拌砂浆进场时,首先应进行外观检验,初步判断砂浆的匀质性与质量变化。

干混砂浆如储存不当,会发生受潮、结块现象,从而影响砂浆的品质。因此,干混砂浆进场后,应先进行外观检查。

干混砂浆中掺有较多的胶凝材料,如水泥等,如果包装袋破损,容易使水泥受潮,而水泥受潮后就会结块,影响砂浆的品质,也会缩短干混砂浆的储存期。因此,要求包装袋要完整,不能破损。

湿拌砂浆在运输过程中,会因颠簸造成颗粒分离、泌水现象等。因此,湿拌砂浆进场后,应先进行外观检查。

5.1.3 随着时间的延长,湿拌砂浆稠度会逐步损失,当稠度损失过大时,就会影响砂浆的可施工性。因此,湿拌砂浆稠度偏差应控制在条文中表3.2.3-2允许的范围内。

5.1.4 预拌砂浆经外观、稠度检验合格后,还应检验其他性能指标。不同品种预拌砂浆的进场检验项目见条文中表 5.1.4。复验结果应全部符合第 3.2 节的相关要求。开展进场复验工作可确保施工方使用合格材料,并明确责任。

5.2 干混砂浆储存

5.2.1 施工现场应配备散装干混砂浆移动筒仓。在筒仓外壁明显位置做好砂浆标记,内容有砂浆品种、类型、批号等。散装干混砂浆在输送和储存过程中,应避免颗粒与粉状材料的分离。

　　存放在现场的砂浆品种有时很多,而不同品种的砂浆其性能也不同,混用将会影响砂浆的性能及工程质量。因此,砂浆不得混存混用。更换砂浆品种时,筒仓要清理干净。

5.2.2 干混砂浆散装移动筒仓一般较高,盛载砂浆时重量较重,可达 30t~40t。如果基础沉降不均匀,可能造成安全隐患。因此,筒仓应按照筒仓供应商的要求安装牢固。

5.2.3 袋装干混砂浆的保存、防潮是关键。干混砂浆中含有较多的水泥组分,水泥遇水会发生化学反应,使水泥结块,从而影响砂浆性能,降低砂浆强度,并缩短砂浆的储存期。因此,干混砂浆储存时不得受潮和遭受雨淋。由于干混砂浆的储存期较短,先进场的砂浆先用,以免超过储存期。

5.2.4 干混砂浆在运输、装卸及储存过程中,容易造成颗粒与粉状材料分离,进而影响砂浆性能的均质性。可采用不同抽样点的各样品的筛分结果及抗压强度,用砂浆细度均匀或抗压强度均匀度对材料的均匀性进行合格判定。

5.3 湿拌砂浆储存

5.3.1 湿拌砂浆是在专业工厂经计量、加水拌制后,用搅拌运输车运至使用地点。目前,湿拌砂浆大多由混凝土搅拌站供应,与混凝土相比,砂浆用量要少得多,搅拌站通常集中在某段时间拌制砂浆,然后运到工地,因此一次运输量往往较大。而目前我国建筑砂浆施工大部分为手工操作,施工速度较慢,运到工地的砂浆不能很快使用完,需放置较长时间,甚至一昼夜。因此,砂浆除了直接使用外,剩余砂浆应储存在储存容器中,随用随取。储存容器要求密闭、不吸水,容器大小不作要求,可根据工程实际情况决定,但应遵循经济、实用原则,且便于储运和清洗。

湿拌砂浆在现场储存时间较长,可通过掺用缓凝剂来延缓砂浆的凝结,并通过调整缓凝剂掺量,来调整砂浆的凝结时间,使砂浆在不失水的情况下能长时间保持不凝结,一旦使用则能正常凝结硬化。

拌制好的砂浆应防止水分的蒸发,夏季应采取遮阳、防雨措施,冬季应采取保温防冻措施。

5.3.2 目前,湿拌砂浆的品种主要有湿拌砌筑砂浆、湿拌抹灰砂浆、湿拌地面砂浆和湿拌防水砂浆四种,其基本性能为抗压强度,故采用抗压强度对普通预拌砂浆进行标识。由于湿拌砂浆已加水搅拌好,其使用时间受到一定的限制,当超过其凝结时间后,砂浆会逐渐硬化,失去可操作性,因此,要在其规定的时间内使用。

5.3.3 湿拌砂浆在高温下,水分蒸发较快,稠度损失也较大,从而影响其可操作性能;在低温下,湿拌砂浆中的水泥会因水化速度缓慢,影响其强度等性能的发展。因此,对湿拌砂浆储存地点的温度作出规定。

5.3.4 随意加水会改变砂浆的性能,降低砂浆的强度,因此规定砂浆储存时不得加水。由于普通砂浆的保水率不是很高,湿拌砂浆在存放期间往往会出现少量泌水现象,使用前应人工拌匀。

5.4 干混砂浆拌合

5.4.1 干混砂浆是在施工现场加水(或配套组分)搅拌而成,而用水量对砂浆性能有着较大的影响。因此,规定应按说明书的要求进行配制。干混砂浆产品说明书中规定了加水量或加水范围,这是专业工厂反复试验、验证后给定的,超过这个范围,将会影响砂浆的性能及可操作性。

5.4.3 干混砂浆中常常掺有少量的外加剂、添加剂等组分,为使各组分在砂浆中均匀分布,只有通过一定时间的机械搅拌,才能保证砂浆的均匀性,从而保证砂浆的质量。因干混砂浆有散装和袋装之分,其搅拌方式也不一样。散装干混砂浆通常储存在干混砂浆散装移动筒仓中,在筒仓的下部设有连续搅拌器,接上水后,即可连续搅拌,搅拌时间应符合设备的要求。袋装普通干混砂浆一般采用强制式搅拌机进行搅拌,因砂浆中掺有矿物掺合料、添加剂等组分,搅拌时间一般不少于3min。而使用量较少的特种干混砂浆,有时采用手持式搅拌器进行搅拌,搅拌时间一般为3min～5min,当砂浆中掺有粉状聚合物(如可再分散乳胶粉)时,搅拌完后需静置5min左右,让砂浆熟化,然后再搅拌3min。因搅拌时间与砂浆的储存方式、砂浆品种、搅拌设备等有关,不宜作统一规定,应根据具体情况及产品说明书的要求确定,以砂浆搅拌均匀为准。

砂浆搅拌结束后要及时清理搅拌设备;否则,砂浆硬化后会粘附在搅拌叶片及容器上,造成清理的难度。

5.4.4 随着时间的推移,砂浆拌合物中的水分会逐渐蒸发,稠度逐渐减小,当稠度损失到一定程度时,砂浆就失去了可操作性,不能正常使用。因此,要控制一次搅拌的数量。当天气干燥炎热时,水泥水化较快,水分蒸发也快,砂浆稠度损失较大,宜适当减少一次搅拌的数量。

蒸压加气混凝土砌块薄层砌筑砂浆和薄层抹灰砂浆的使用时间应按照厂方提供的说明书确定。

6 施 工

6.1 一般规定

6.1.1 预拌砂浆的品种、规格、型号很多,不同的基体、基材、环境条件、施工工艺等对砂浆有着不同的要求。因此,应根据设计、施工等要求选择与之配套的产品。

6.1.2 不同品种、强度等级和批次的砂浆性能不同,混用将会影响砂浆质量及工程质量,故作此规定。

6.1.3 预拌砂浆施工时,对不同的基体、基层或块材等所采取的处理措施、施工工艺等也不同。因此,需根据预拌砂浆的性能、基体或基层情况、块材的特性等并参考预拌砂浆产品说明书,制定有针对性的施工方案,并按施工方案组织施工。

6.2 砌筑砂浆施工

6.2.1 根据施工经验和实际需要,给出了预拌砌筑砂浆的稠度。但该稠度范围仅作为参考值,具体稠度应根据天气、施工经验等进行适当调整。

6.2.2 本条对块体的砌筑作出了必要的规定:

2 多孔砖及小砌块的半盲孔面作为铺浆面,能使砌体有较大的有效受压面积,有利于砂浆结合层进入上下砖块的孔洞中产生"销键"作用,提高砌体的抗剪强度和砌体的整体性。

3 非烧结块材早期收缩值大,如果这时用于墙体上,很容易出现收缩裂缝。为有效控制墙体的这类裂缝产生,在砌筑时非烧结块材的产品龄期不宜小于28d,使其早期收缩值在此期间内完成大部分。实践证明,这是预防墙体早期开裂的一个重要技术措施。此外,非烧结块材的强度等级进场复验也需产品龄期为28d。

4 试验研究和工程实践证明,块材的润湿程度对砌体的施工质量影响较大:干砖砌筑不仅没有利用砂浆强度的正常增长,反而大大降低砌体强度,影响砌体的整体性,而且砌筑困难;吸水饱和的砖砌筑时,会使刚砌的砌体尺寸稳定性变差,易出现墙体平面外弯曲,砂浆易流淌,灰缝厚度不均,砌体强度降低。

6.2.3 砖砌体砌筑宜随铺砂浆随砌筑。采用铺浆法砌筑时,铺浆长度对砌体的抗剪强度有明显影响,因而对铺浆长度作了规定。当空气干燥炎热时,提前润湿的砖及砂浆中的水分蒸发较快,影响工人操作和砌筑质量,故应缩短铺浆长度。

6.2.4 蒸压加气混凝土砌块可采用薄层或轻质保温砌筑砂浆砌筑。采用薄层砌筑砂浆砌筑的工程实践中发现,在找平的基面上直接用薄层砌筑砂浆砌筑往往存在与基面粘结不好的问题。采取本条规定的方法后,不但蒸压加气混凝土砌块容易横平竖直,其粘结状况也大有改善。本条中强调第一皮砌块灰缝砂浆凝固后再砌第二皮砌块是保证整个墙面平整度和垂直度的前提条件。

6.2.5 为减少蒸压加气混凝土砌块填充墙与结构柱(墙)间的裂缝,应按条文要求对此界面缝作柔性处理,以适应温度与干湿度的变化。

6.2.7 由于湿拌砂浆的凝结时间较长,对用湿拌砂浆砌筑墙体的每日砌筑高度进行控制,目的是保证砌体的砌筑质量和安全生产。

6.3 抹灰砂浆施工

6.3.1 抹灰层空鼓、起壳和开裂既有材料因素,也有施工操作因素,制作样板和留样是为了明确界限,分清职责,便于日后出现问题时查找原因和划分责任。

6.3.2 主体结构一般在 28d 后进行验收,这时砌体上的砌筑砂浆或混凝土结构达到了一定的强度且趋于稳定,而且墙体收缩变形也减小,此时抹灰可减少对抹灰砂浆体积变形的影响。但对于非烧结块材砌筑的墙体,其干缩稳定时间比混凝土等要长,若在短时间内抹面将会导致饰面层裂缝。

6.3.3 本条对门窗框周边缝隙和墙面其他孔洞的封堵作出必要的规定:

1 工程实践表明,墙体开裂往往受施工阶段框架结构变形的影响。

2 在进行大面积抹灰前需对门窗框周边缝隙和墙面其他孔洞进行封堵。

3 封堵门窗框周边缝隙应按有关标准或设计图纸进行。

4 为保证将缝隙和孔洞堵严,应先将缝隙和孔洞内的杂物、灰尘等清理干净,再浇水润湿,然后用 C20 以上混凝土堵严。

6.3.4 墙体抹灰前需对基层进行处理。基层使用的材料不同,抹灰施工前要求的基层处理方法不同。正确的基层处理对提高抹灰质量至关重要,本条给出了不同基层常用的处理方法。

1 本款给出了烧结砖砌体的基层处理方法:洁净、潮湿而无明水的基层有利于增加基层与抹灰层的粘结,保证抹灰质量。

2 本款给出了轻集料混凝土(含轻集料混凝土空心砌块)基层的处理方法。因这几种块体材料的吸水率较小,为避免抹灰时墙面过湿或有明水,抹灰前浇水即可。

3 对于混凝土基层和蒸压加气混凝土砌块墙体基层,应先将基层清除干净,再在基层上涂抹界面砂浆。界面砂浆中含有高分子物质,涂抹后能起到增加基层与抹灰砂浆之间粘结力的作用,但需注意加水搅拌均匀,不能有生粉团,并应满批刮,以全部覆盖基层墙体为准,不宜超过 2mm。同时,还应注意进行第一遍抹灰的时间,界面砂浆太干,抹灰层涂抹后失水快,影响强度增长,易收缩而产生裂缝;界面砂浆太湿,抹灰层涂抹后水分难挥发,不但影响下一工序的施工,还可能在砂浆层中留下空隙,影响抹灰层质量。

6.3.5 吊垂直、套方、找规矩、做灰饼、冲筋是大面积抹灰前的基本步骤,应按下列要求进行:

1 先确定基准墙面,并据此进行吊垂直、套方、找规矩。根据墙面的平整度确定抹灰厚度,为保证墙面能被抹灰层完全覆盖,提出了抹灰厚度不宜小于 5mm 的要求。

2 对于凹度较大、平整度较差的墙面,一遍抹平会造成局部抹灰厚度太厚,易引起空鼓、裂缝等质量问题,需要分层抹平,且每层厚度不应大于 7mm～9mm。

3 为保证抹灰后墙面的垂直与平整度,抹灰前应先抹灰饼。抹灰饼时需根据抹灰要求,确定灰饼的正确位置,再用靠尺板找好垂直与平整。

6.3.6 根据墙面尺寸进行冲筋,将墙面划分成较小的抹灰区域,既能减少由于抹灰面积过大易产生收缩裂缝的缺陷,抹灰厚度也宜控制,表面平整度也宜保证。墙面冲筋(标筋)应按下列要求进行:

1 冲筋应在灰饼砂浆硬化后进行,冲筋用砂浆可与抹灰用砂浆相同。

2 规定了冲筋的方式及两筋之间的距离。

6.3.7 本条规定了内墙抹灰的要求:

1 抹底层砂浆应在冲筋 2h 后进行。

2 抹第一层(底层)砂浆时,抹灰层不宜太厚,但需覆盖整个基层并要压实,保证砂浆与基层粘结牢固。两层抹灰砂浆之间的时间间隔是保证抹灰层粘结牢固的关键因素:时间间隔太长,前一层砂浆已硬化,后层抹灰层涂抹后失水快,不但影响砂浆强度增长,抹灰层易收缩产生裂缝,而且前后两层砂浆易分层;时间间隔太短,前层砂浆还在塑性阶段,涂抹后一层砂浆时会扰动前一层砂浆,影响其与基层材料的粘结强度,而且前层砂浆的水分难挥发,不但影响下一工序的施工,还可能在砂浆层中留下空隙,影响抹灰层质量,因此规定应待前一层六七成干时最佳。根据施工经验,六七成干时,即用手指按压砂浆层,有轻微压痕但不粘手。

6.3.8　本条规定了内墙细部抹灰的要求:

　　1　墙、柱的阳角是容易被碰撞、破坏的部位,在大面积抹灰前应用砂浆或护角条做护角,护角高度离地面需 2m 以上,每侧宽度宜为 50mm。

　　2　规定了窗台细部抹灰的要点,清理基层、浇水润湿,是抹灰前需做的基本工作。窗台抹灰层需要有足够的强度,要求进行界面处理并用 M20 水泥砂浆抹面。

　　3　规定了对预留孔洞和配电箱、槽、盒等周边进行细部抹灰的步骤。

　　4　规定了水泥踢脚线和墙裙等小面积细部抹灰的步骤,这些部位容易被碰撞、破坏,应用 M20 以上强度等级的水泥砂浆进行抹灰。

6.3.9　吊垂直、套方、找规矩、做灰饼、冲筋是大面积抹灰前的基本步骤,应按下列要求进行:

　　1　外墙找规矩时,应先根据建筑物高度确定放线方法,然后按抹灰操作层抹灰饼。

　　2　每层抹灰前为保证抹灰层厚度及平整度需以灰饼为基准进行冲筋。

6.3.10　本条规定了大面积外墙抹灰的步骤。

6.3.12　本条规定了外墙细部抹灰的要求:

　　1　排水畅通是防止外墙渗漏的有效措施,对檐口、窗台、窗眉、阳台、雨棚等部位的排水做法提出了要求。

　　2　阳台、窗台、压顶等部位容易受损破坏,应用 M20 以上水泥砂浆分层抹灰。

6.3.13　顶棚抹灰通常不做灰饼和冲筋,但应先在四周墙上弹出水平线控制线,再抹顶棚四周,然后圈边找平。

6.3.14 在混凝土顶棚上找平、抹灰,抹灰砂浆与基体粘结牢固,不发生开裂、空鼓和脱落等现象尤为重要。因此,强调粘结牢固,对平整度不提出过高要求,表面平顺即可。

6.3.15 抹灰层有时会要求具有防水、防潮功能,应采用普通防水砂浆,满足抹灰层防水性能的要求。

6.3.17 装配式建筑宜采用机械喷涂抹灰砂浆。本条规定了机械喷涂抹灰施工的要求:

1 机械喷涂抹灰施工是一项需要连续进行的复杂系统工程,包括原材料供应、搅拌、输送、喷涂及喷后处理等多个环节,各个环节需要有序配合,任何一个环节出现问题,都将导致施工中断。且机械喷涂抹灰施工工艺要求高,需注意和控制的要点多,非专业人员施工困难,故本标准要求其作业人员接受过专业培训。

2 罗列了现有常用机械喷涂抹灰施工的喷涂设备类型。

3 在机械喷涂施工前按照产品说明书检查安全装置的可靠性、管道及接头密封性非常重要。安全装置保护人身及设备安全,应重视对超载安全装置的检查,保证其可靠工作。当安全装置为卸料阀时,应注意检查阀口是否有残留物料以及锈蚀情况;当安全装置为电气保护系统时,应重点检查保护元件是否完好。压力表是设备状态指示的关键仪表,必须能正常工作,并应置于方便观察的位置。

试运转时要注意检查电机旋向,部分输送泵、搅拌机的电机若反向旋转可能无法正常工作,正式工作前,必须确保电机旋转方向与标志的箭头方向应相符。空运转时,部分设备可能需要加水,应先加水后运转,以免损坏设备。

4 规定了泵送前的预处理工作,这是减少堵塞、顺利泵送的保证。

5 标志、标筋是作业面的抹平基准。设置标筋标志时,宜充分发挥机械喷涂的技术优势,以提高效率,保证施工质量。标筋横截面设置为梯形,可减少周边材料开裂。

6 规定了机械喷涂时的成活工艺及方法。

7 机械喷涂时,根据设备和墙面类型选择合理的喷涂路线,可减少管道的拖移工作量,减少对已完成工程的损伤和污染。

8 砂浆泵送中间停歇时,应根据环境温度、砂浆特性和设备类型合理确定喷涂停顿时间间隔。停顿时间过长($>$45min)时,容易致使砂浆在设备或管道内凝固,导致后期清理困难或设备部件、管道报废。

9 喷涂结束后的清洗工作极其重要,这是保证后期能否正常使用的关键。设备不及时清洗时,致使砂浆在设备或管道内凝固,导致后期清理困难或设备部件、管道报废。输送管可使用清洗球进行清洗,喷枪可使用压缩空气及清水混合吹洗枪内残余砂浆。

6.3.18 如果基层过于干燥,抹灰砂浆中的水分易被吸干,影响砂浆强度。

6.3.19 加强对预拌抹灰砂浆的保湿养护,是保证抹灰层质量的关键步骤。因此规定预拌抹灰砂浆应保湿养护,养护时间不应少于7d。

6.4 地面砂浆施工

6.4.2 基层表面的处理效果直接影响到地面砂浆的施工质量,因而要对基层进行认真处理,使基层表面达到平整、坚固、清洁。

6.4.3 地面比较容易洒水,对粗糙地面可以采取提前洒水湿润的处理方法。

6.4.4 对光滑基层,如混凝土地面,可采用界面砂浆进行界面处理,以提高砂浆与基层的粘结强度。

6.4.6 当铺设面积较大时,设置分仓缝是为了避免地面砂浆由于收缩变形导致的较多裂缝的发生。

6.4.7 地面面层砂浆施工时应刮抹平整;表面需要压光时,应做到收水压光均匀,不得泛砂。压光时间要恰当,若压光时间过早,表面易出现泌水,影响表层砂浆强度;压光时间过迟,易损伤水泥胶凝体的凝结结构,影响砂浆强度的增长,容易导致面层砂浆起砂。

6.4.8 加强对地面砂浆的保湿养护,是保证地面砂浆质量的关键步骤。地面砂浆经养护后有利于强度的发展,同时避免地面起砂。

7 施工质量验收

7.1 一般规定

7.1.1 本条对预拌砂浆施工质量验收的范围作了规定。

7.1.2 施工质量对保证砂浆的最终质量起着很关键的作用,因此要加强施工现场的质量管理水平。

7.1.3 抗压强度试块、实体拉伸粘结强度检验是按照检验批进行留置或检测的,在评定其质量是否合格时,按由同种材料、相同施工工艺、同类基体或基层的若干个检验批构成的验收批进行评定。

7.2 砌筑砂浆施工质量验收

7.2.1 主要按《预拌砂浆应用技术规程》JGJ/T 223 的有关规定并结合预拌砌筑砂浆的特征而定。砌筑砂浆的使用量较大,且预拌砌筑砂浆的质量比较稳定,验收批量比现场拌制砂浆可适当放宽。根据现场实际使用情况及施工进度,分别规定了干混普通砌筑砂浆、干混薄层砌筑砂浆、轻质保温砌筑砂浆以及湿拌砌筑砂浆的验收批量。

7.2.2 预拌砂浆是在专业工厂生产的,材料稳定,计量准确,砂浆质量较好,强度值离散性较小,可适当减少现场砂浆抗压强度试块的制作量,但每验收批各类型、各强度等级的预拌砌筑砂浆留置的试块组数不宜少于 3 组。

7.2.3 明确抗压强度是按验收批进行评定,其合格标准参考了相关的标准规范。当同一验收批砂浆试块抗压强度平均值和最小值或单组值均满足规定要求时,判定该验收批砂浆试块抗压强度合格。

7.2.4 规定了轻质保温砌筑砂浆每个验收批的验收项目。

7.3 抹灰砂浆施工质量验收

7.3.1~7.3.2 检验批的划分和检查数量按《建筑装饰装修工程质量验收规范》GB 50210 和《抹灰砂浆技术规程》JGJ/T 220 的有关规定确定。

7.3.3~7.3.5 是保证抹灰工程质量的最基本要求。

7.3.6 预拌砂浆是专业工厂生产的,质量比较稳定,每检验批可留取 1 组抗压强度试块。

7.3.7~7.3.8 《抹灰砂浆技术规程》JGJ/T 220 将抹灰砂浆抗压强度指标作为质量评定要求,本标准采纳了 JGJ/T 220 的规定。抹灰工程先进行砂浆的抗压强度评定,并给出了砂浆试块抗压强度合格的判别标准。当砂浆抗压强度判定不合格时,应在现场进行拉伸粘结强度检测,并以拉伸粘结强度的检测结果为准。

7.3.9~7.3.10 给出了拉伸粘结强度检验批的划分和拉伸粘结强度合格的判别标准。

7.4 地面砂浆施工质量验收

7.4.1~7.4.2 检验批的划分和检查数量按《建筑地面工程施工质量验收规范》GB 50209 的有关规定确定。

7.4.3~7.4.6 是保证地面工程质量的基本要求。

7.4.7 预拌砂浆由专业工厂生产,质量比较稳定,每检验批可留取 1 组抗压强度试块。

7.4.8 砂浆抗压强度按验收批进行评定,给出了砂浆试块抗压强度合格的判别标准。